Stationenlernen Mathematik
9. Schuljahr

4. Auflage 2021

Inhalt: Hans-J. Schmidt
Coverbild: © contrastwerkstatt - fotolia.com
Grafik & Satz: Kohl-Verlag
Druck: farbo prepress GmbH, Köln

Bestell-Nr. 11 839

ISBN: 978-3-95686-839-9

Der vorliegende Band ist eine Print-Einzellizenz

Sie wollen unsere Kopiervorlagen auch digital nutzen? Kein Problem – fast das gesamte KOHL-Sortiment ist auch sofort als PDF-Download erhältlich! Wir haben verschiedene Lizenzmodelle zur Auswahl:

	Print-Version	PDF-Einzellizenz	PDF-Schullizenz	Kombipaket Print & PDF-Einzellizenz	Kombipaket Print & PDF-Schullizenz
Unbefristete Nutzung der Materialien	x	x	x	x	x
Vervielfältigung, Weitergabe und Einsatz der Materialien im eigenen Unterricht	x	x	x	x	x
Nutzung der Materialien durch alle Lehrkräfte des Kollegiums an der lizensierten Schule			x		x
Einstellen des Materials im Intranet oder Schulserver der Institution			x		x

Die erweiterten Lizenzmodelle zu diesem Titel sind jederzeit im Online-Shop unter www.kohlverlag.de erhältlich.

Inhalt

Stationenlernen Mathematik / 9. Schuljahr – Bestell-Nr. 11 839
KOHL VERLAG Lernen mit Erfolg

Inhalt

Inhalt

Inhalt

Anleitung

Sehr geehrte Kollegen und Kolleginnen,

dieses Werk zum Stationenlernen im Mathematikunterricht soll Ihnen Ihre alltägliche Arbeit erleichtern. Dabei war es uns besonders wichtig Stationen zu kreieren, die möglichst schüler- und handlungsorientiert sind und mehrere Lerneingangskanäle ansprechen. Denn nur so kann Wissen langfristig gesichert und auch wieder abgerufen werden. Die Reihenfolge der Stationen ist frei wählbar. Dadurch können die Schüler in ihrem individuellen Arbeits- und Lerntempo vorgehen. Aber auch Sie als Lehrer können die Karten in unterschiedlichen Reihenfolgen verwenden. Durch den individuell ausfüllbaren Laufzettel wird bei dieser differenzierten Arbeitsform stets der Überblick gewahrt. Die Materialien eignen sich dank der möglichen Hilfestellungen durch die Tipp-Karten auch hervorragend für das selbstständige Lernen oder die Selbstlernzeit.
Im hinteren Bereich des Hefts finden Sie Tipp-Karten zu einzelnen Stationen.

Stationen:

Die Stationszettel enthalten bewusst keine Nummerierung, um einen flexiblen Einsatz zu gewährleisten. So kann jeder selbst entscheiden, welche Station bearbeitet werden soll. Dies können sowohl Stationen aus einem Bereich sein, ebenso gut dürfen auch Aufgaben aus allen Bereichen vermischt werden. Nach Belieben können Sie die Stationen jedoch auch nummerieren, um den Schülern die Zuordnung zu erleichtern.

Niveaustufen:

Innerhalb der Bereiche gibt es drei unterschiedliche Niveaustufen, die mit • (leicht), **!** (mittel) oder ★ (schwer) markiert sind. Die mit einem Stern gekennzeichneten Stationen sind für Experten, die mit • gekennzeichneten Stationen sollen von allen Schülern bearbeitet werden. Die Expertenaufgaben enthalten vertiefende oder weiterführende Inhalte. Selbstverständlich können Sie je nach Leistungsstand Ihrer Klasse problemlos Stationen anders kennzeichnen, indem Sie **•** , **!** oder ★ übermalen und anders kennzeichnen.

Tipp-Karten:

Wie bereits erwähnt, gibt es für einige Grundaufgaben Tipp-Karten. Es empfiehlt sich, die Tipp-Karten z. B. in Briefumschlägen verpackt den Stationen beizulegen oder sie sogar an einem separaten Ort zu platzieren. So überlegen die Kinder eher, ob sie einen Tipp benötigen oder nicht, und werden nicht so stark dazu verleitet, aus Bequemlichkeit einen Blick darauf zu werfen.

Anleitung

Lösungen:

Wer die Aufgaben der Schüler korrigiert, hängt zum einen von der Lerngruppe und zum anderen von den Vorlieben des unterrichtenden Lehrers ab. So können Sie die Verbesserung der Schüleraufgaben selbst übernehmen, oder diese Aufgabe in die Verantwortung der Kinder übergeben. In diesem Fall haben Sie die Möglichkeit, die Karten einfach auszuschneiden und zu laminieren. Es befindet sich dann direkt auf der Rückseite der Aufgabe die passende Lösung zur einfachen Selbstkontrolle. Alternativ können Sie die Seiten jedoch auch kopieren und die Lösungen, für die Schüler erkenntlich markiert, an einem passenden Ort positionieren.

Stationen-Laufzettel:

Der Stationen-Laufzettel ist so konzipiert, dass die Lehrkraft oder die Schüler die Stationsnummer (alternativ den Bereich) sowie den Stationsnamen eintragen. Die Kinder haken dann ab, wenn sie eine Station erledigt haben. Ein weiterer Haken wird gesetzt, wenn die Station korrigiert wurde. Dies geschieht entweder durch den Lehrer oder die Schüler selbst.

Symbole:

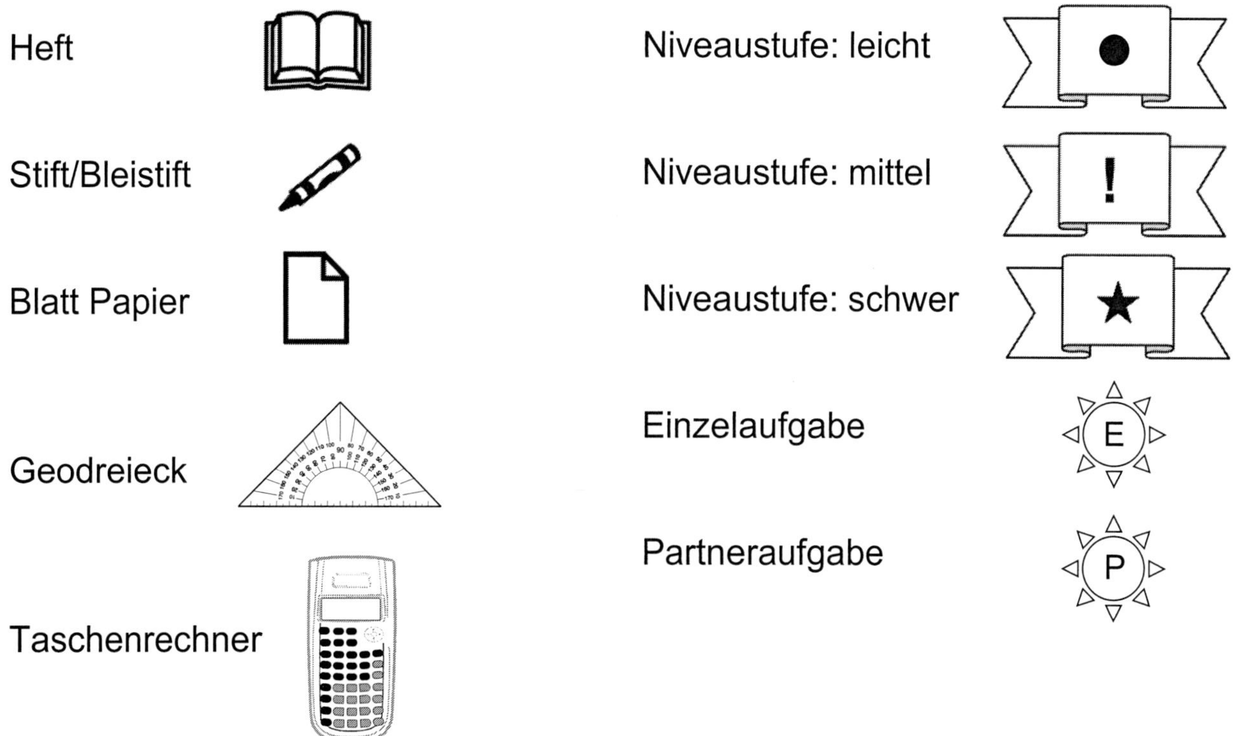

Nach dieser kurzen Einführung wünschen Ihnen viel Spaß beim Einsatz der Materialien

Ihr Kohl-Verlag und *Hans J. Schmidt*

KOHL VERLAG Stationenlernen Mathematik / 9. Schuljahr – Bestell-Nr. 11 839

Name: ______________________________ **Stationen-Laufzettel** Datum: _______________

Niveaustufe: leicht ●

Station	Stationsname	erledigt ✓	korrigiert ✓

Niveaustufe: mittel !

Station	Stationsname	erledigt ✓	korrigiert ✓

Niveaustufe: schwer ★

Station	Stationsname	erledigt ✓	korrigiert ✓

KOHL VERLAG Stationenlernen Mathematik / 9. Schuljahr – Bestell-Nr. 11 839

E

Station

Umfang und Flächeninhalt von Vielecken (Wiederholung)

Entnimm die Maße, die du brauchst, um den Umfang und den Flächeninhalt der Vierecke zu berechnen, der Zeichnung.

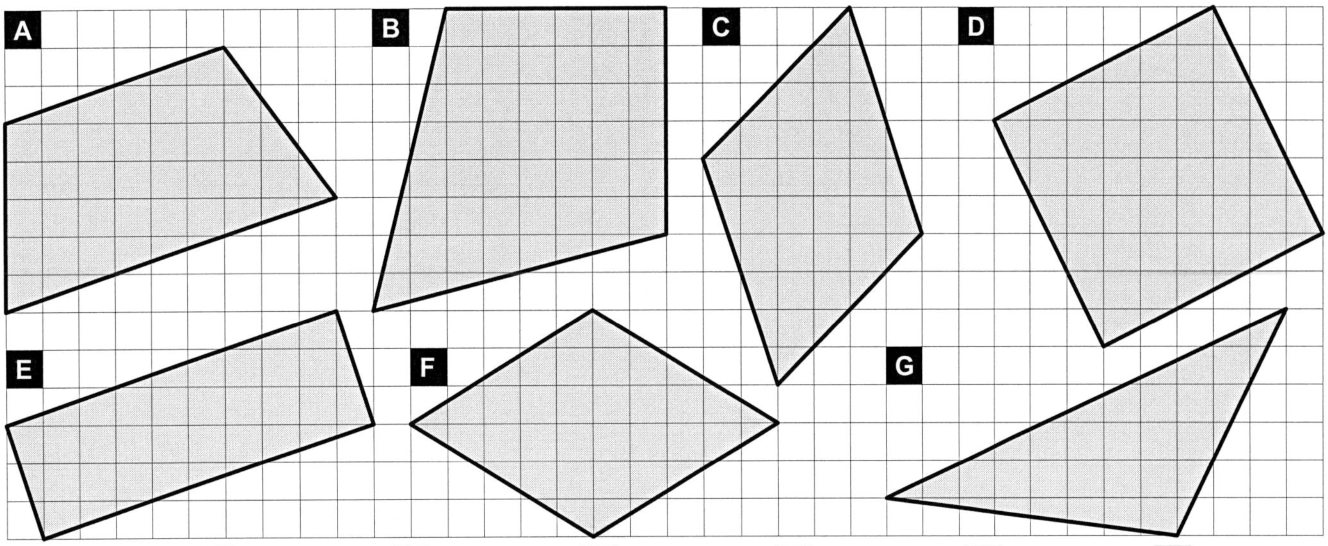

A B C D

E F G

A	B	C	D	E	F	G
u = ___ cm	u = ___ cm	u = ___ cm	u = ___ cm	u = ___ cm	u = ___ cm	u = ___ cm
A = ___ cm^2	A = ___ cm^2	A = ___ cm^2	A = ___ cm^2	A = ___ cm^2	A = ___ cm^2	A = ___ cm^2

Stationenlernen Mathematik / 9. Schuljahr – Bestell-Nr. 11 839

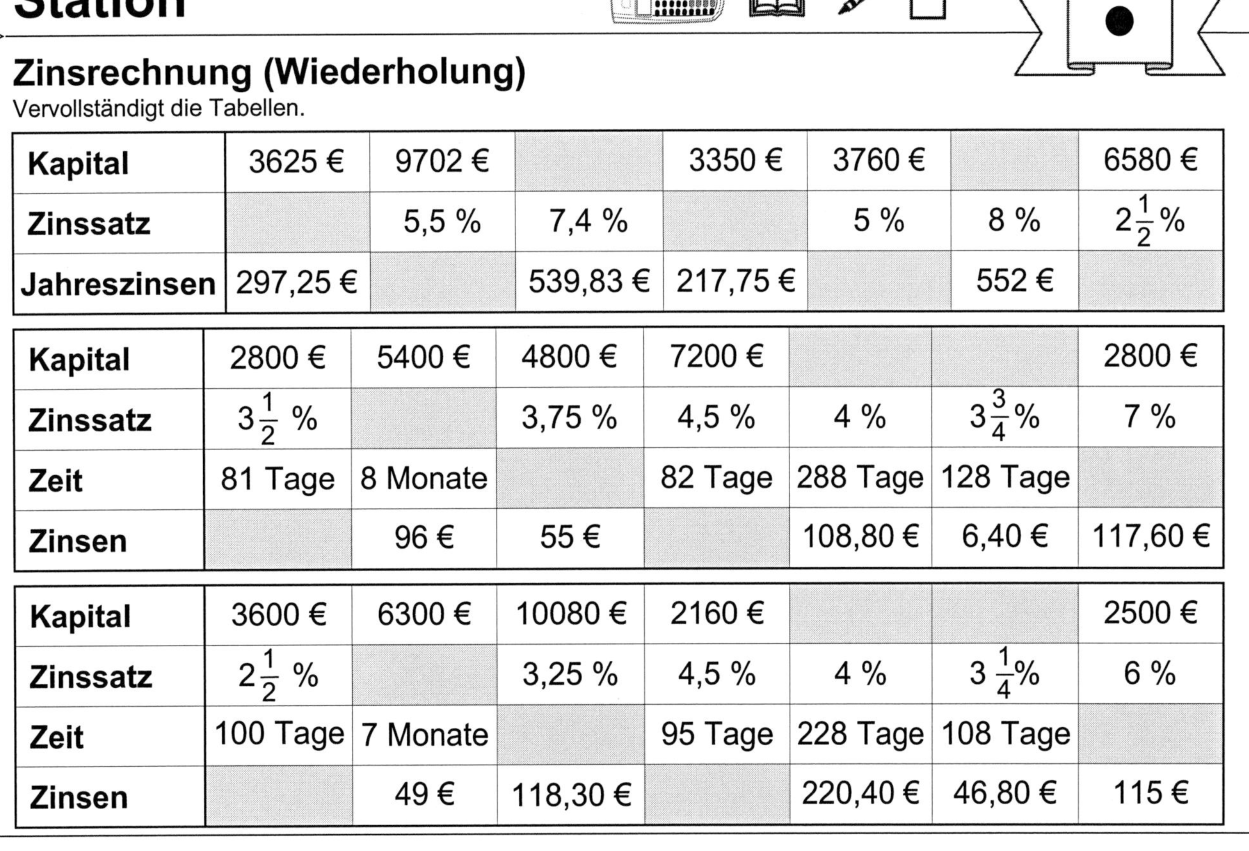

P

Station

Zinsrechnung (Wiederholung)

Vervollständigt die Tabellen.

Kapital	3625 €	9702 €		3350 €	3760 €		6580 €
Zinssatz		5,5 %	7,4 %		5 %	8 %	$2\frac{1}{2}$ %
Jahreszinsen	297,25 €		539,83 €	217,75 €		552 €	

Kapital	2800 €	5400 €	4800 €	7200 €			2800 €
Zinssatz	$3\frac{1}{2}$ %		3,75 %	4,5 %	4 %	$3\frac{3}{4}$ %	7 %
Zeit	81 Tage	8 Monate		82 Tage	288 Tage	128 Tage	
Zinsen		96 €	55 €		108,80 €	6,40 €	117,60 €

Kapital	3600 €	6300 €	10080 €	2160 €			2500 €
Zinssatz	$2\frac{1}{2}$ %		3,25 %	4,5 %	4 %	$3\frac{1}{4}$ %	6 %
Zeit	100 Tage	7 Monate		95 Tage	228 Tage	108 Tage	
Zinsen		49 €	118,30 €		220,40 €	46,80 €	115 €

Station E

Umfang und Flächeninhalt von Vielecken (Wiederholung)

Entnimm die Maße, die du brauchst, um den Umfang und den Flächeninhalt der Vierecke zu berechnen, der Zeichnung.

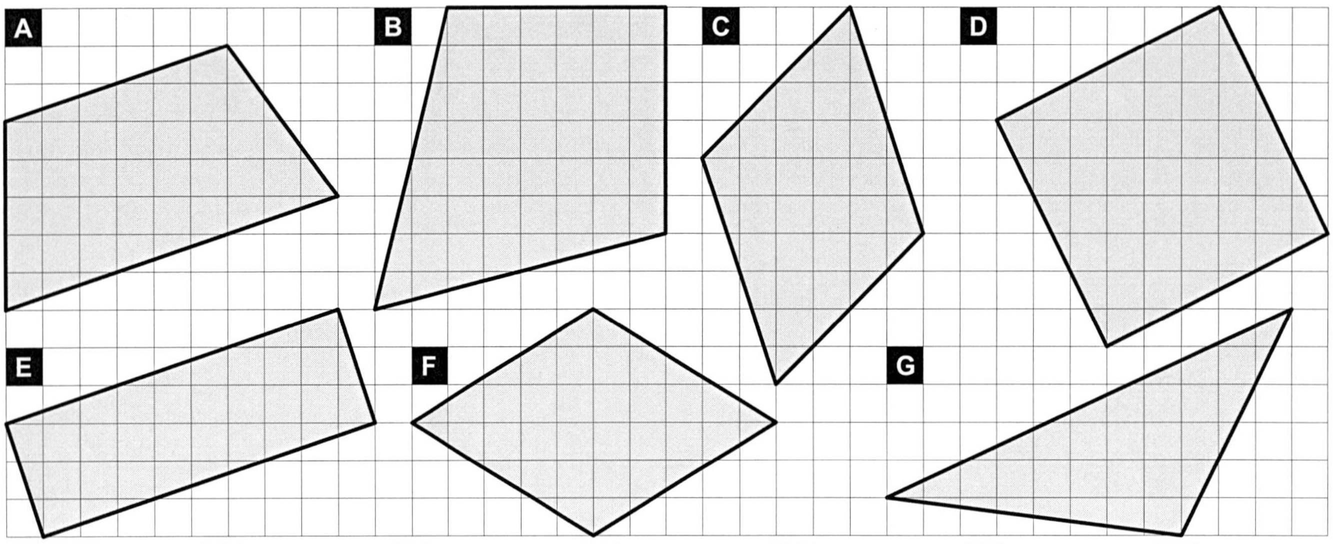

A B C D E F G

	A	B	C	D	E	F	G
u =	12,9 cm	14,25 cm	12 cm	13,4 cm	12,6 cm	11,7 cm	13,4 cm
A =	9,375 cm²	12 cm²	8 cm²	11,25 cm²	7,5 cm²	7,5 cm²	6,375 cm²

Stationenlernen Mathematik / 9. Schuljahr – Bestell-Nr. 11 839

Station P

Zinsrechnung (Wiederholung)

Vervollständigt die Tabellen.

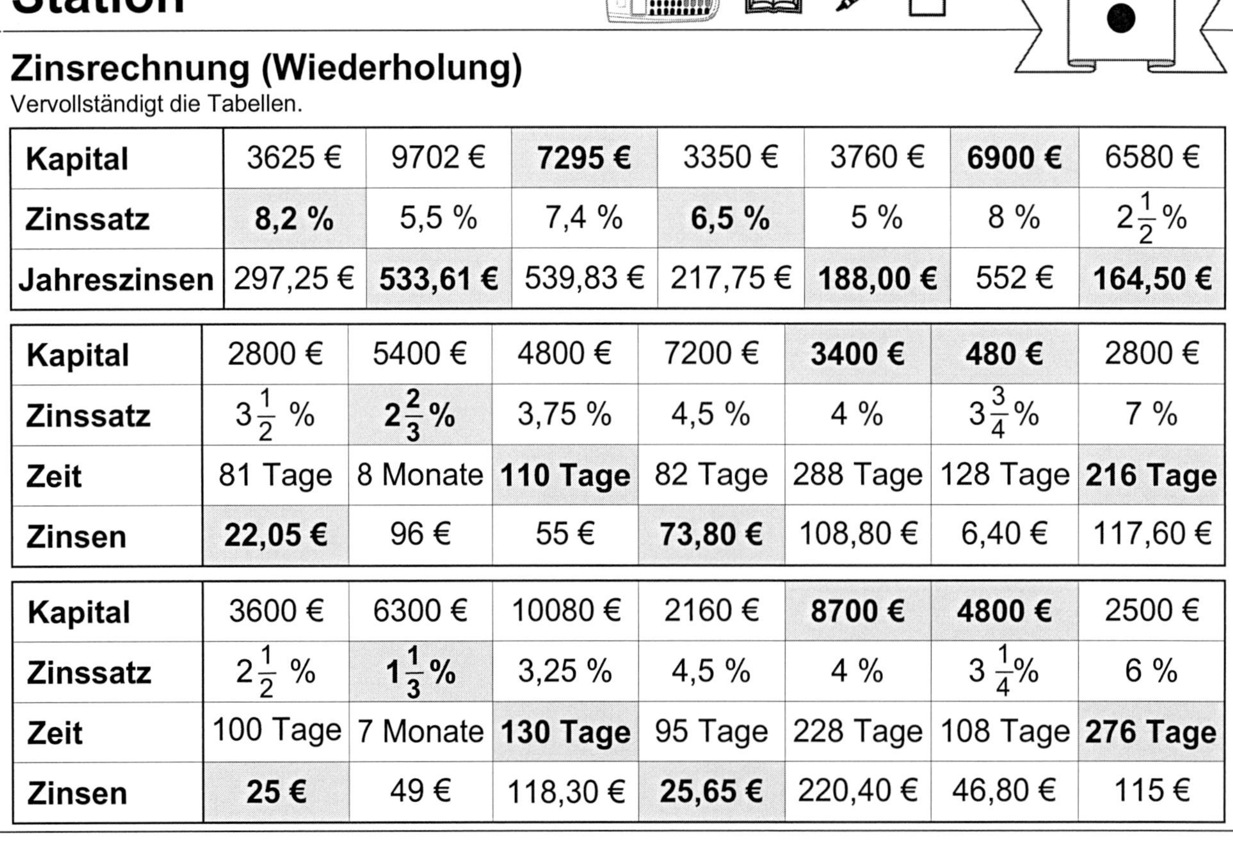

Kapital	3625 €	9702 €	**7295 €**	3350 €	3760 €	**6900 €**	6580 €
Zinssatz	**8,2 %**	5,5 %	7,4 %	**6,5 %**	5 %	8 %	$2\frac{1}{2}$ %
Jahreszinsen	297,25 €	**533,61 €**	539,83 €	217,75 €	**188,00 €**	552 €	**164,50 €**

Kapital	2800 €	5400 €	4800 €	7200 €	**3400 €**	**480 €**	2800 €
Zinssatz	$3\frac{1}{2}$ %	**$2\frac{2}{3}$ %**	3,75 %	4,5 %	4 %	$3\frac{3}{4}$ %	7 %
Zeit	81 Tage	8 Monate	**110 Tage**	82 Tage	288 Tage	128 Tage	**216 Tage**
Zinsen	**22,05 €**	96 €	55 €	**73,80 €**	108,80 €	6,40 €	117,60 €

Kapital	3600 €	6300 €	10080 €	2160 €	**8700 €**	**4800 €**	2500 €
Zinssatz	$2\frac{1}{2}$ %	**$1\frac{1}{3}$ %**	3,25 %	4,5 %	4 %	$3\frac{1}{4}$ %	6 %
Zeit	100 Tage	7 Monate	**130 Tage**	95 Tage	228 Tage	108 Tage	**276 Tage**
Zinsen	**25 €**	49 €	118,30 €	**25,65 €**	220,40 €	46,80 €	115 €

Stationenlernen Mathematik / 9. Schuljahr – Bestell-Nr. 11 839

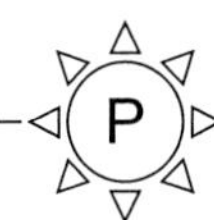

Station

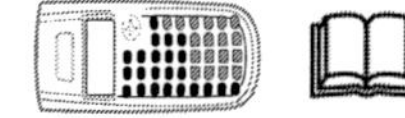

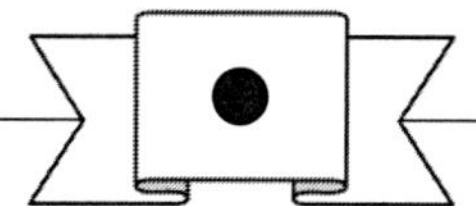

Der vermehrte - verminderte - Grundwert (Wiederholung)

Zur Information: Vermehrt (vermindert) man den Grundwert G um z. B. 3,5 %, so spricht man vom **vermehrten (verminderten) Grundwert**. Ihr könnt den vermehrten (verminderten) Grundwert auf zwei Arten berechnen.

1. Ihr berechnet den Prozentwert (3,5 % vom Grundwert) und addiert (subtrahiert) ihn zum (vom) Grundwert [G ± (3,5 % von G)].
2. Ihr berechnet 103,5 % (96,5 %) vom Grundwert [(100 ± 3,5) % von G] oder ihr multipliziert den Grundwert mit dem Faktor 1,035 (0,965) [$G \cdot (1 \pm \frac{3,5}{100})$].

Ergänzt die Tabellen.

A	Alter Preis in €		360	750		1820	144
	Erhöhung	4,2 %		6,5 %	9 %		25 %
	Neuer Preis in €	4168	399,60		2997,50	1901,90	

B	Alter Preis in €	780	6200		1260	5250	
	Preissenkung	3,7 %		2,5 %		$5\frac{1}{2}$ %	6 %
	Neuer Preis in €		5828	243,75	1217,16		117,5

Stationenlernen Mathematik / 9. Schuljahr – Bestell-Nr. 11 839

Station

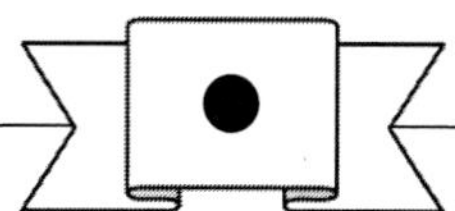

Die binomischen Formeln (Wiederholung 1)

Beim Ausmultiplizieren von Klammern kann es schon mal sein, dass in jeder Klammer gleiche Terme vorkommen. Beispiel: $(x + 5) \cdot (x + 5)$ oder $(x - 5) \cdot (x - 5)$.
Für $\mathbf{(x + 5) \cdot (x + 5)}$ schreibt der Mathematiker kürzer $\mathbf{(x + 5)^2}$, $\mathbf{(x - 5) \cdot (x - 5)}$ verkürzt sich zu $\mathbf{(x - 5)^2}$.
Weil in den Klammern zweigliedrige Summen oder Differenzen stehen, nennt man solche Terme **Binome** [bi *(lat.)* = zwei]. In der Mathematik werden daher die folgenden drei Formeln als **binomische Formeln** bezeichnet:

$$(a + b)^2 = a^2 + ab + ab + b^2 = a^2 + 2ab + b^2$$
$$(a - b)^2 = a^2 - ab - ab + b^2 = a^2 - 2ab + b^2$$
$$(a + b) \cdot (a - b) = a^2 + ab - ab - b^2 = a^2 - b^2$$

Löst mit Hilfe der binomischen Formeln:

A	$(2x - 3,5)^2$		**G**	$(4 - 9y) \cdot (4 + 9y)$	
B	$(8x - 5y)^2$		**H**	$(3a - 5b) \cdot (3a + 5b)$	
C	$(6a + 7) \cdot (6a - 7)$		**I**	$(0,4x + 1,5y)^2$	
D	$(1,5m - 3n)^2$		**J**	$(\frac{2}{3}a - \frac{1}{2}b)^2$	
E	$(4s + 5t) \cdot (4s - 5t)$		**K**	$(5g + 7)^2$	
F	$(12 - 5b)^2$		**L**	$(2x - 15y)^2$	

Station

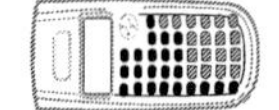   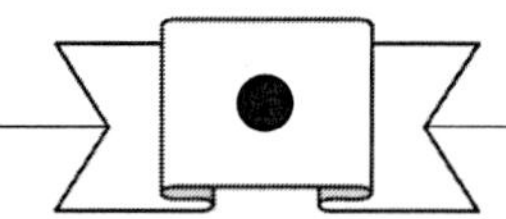

Der vermehrte - verminderte - Grundwert (Wiederholung)

Zur Information: Vermehrt (vermindert) man den Grundwert G um z. B. 3,5 %, so spricht man vom **vermehrten (verminderten) Grundwert**. Ihr könnt den vermehrten (verminderten) Grundwert auf zwei Arten berechnen.

1. Ihr berechnet den Prozentwert (3,5 % vom Grundwert) und addiert (subtrahiert) ihn zum (vom) Grundwert [G ± (3,5 % von G)].
2. Ihr berechnet 103,5 % (96,5 %) vom Grundwert [(100 ± 3,5) % von G] oder ihr multipliziert den Grundwert mit dem Faktor 1,035 (0,965) [G • $(1 \pm \frac{3,5}{100})$].

Ergänzt die Tabellen.

A

Alter Preis in €	**4000**	360	750	**2750**	1820	144
Erhöhung	4,2 %	**11 %**	6,5 %	9 %	**$4\frac{1}{2}$ %**	25 %
Neuer Preis in €	4168	399,60	**798,75**	2997,50	1901,90	**180**

B

Alter Preis in €	780	6200	**250**	1260	5250	**125**
Preissenkung	3,7 %	**6 %**	2,5 %	**3,4 %**	$5\frac{1}{2}$ %	6 %
Neuer Preis in €	**751,14**	5828	243,75	1217,16	**4961,25**	117,5

Stationenlernen Mathematik / 9. Schuljahr – Bestell-Nr. 11 839

Station

 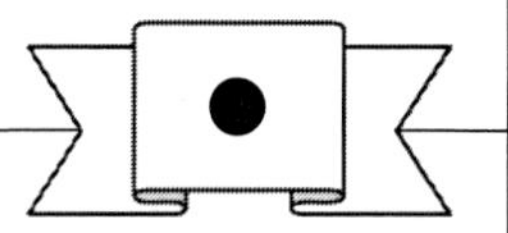

Die binomischen Formeln (Wiederholung 1)

Beim Ausmultiplizieren von Klammern kann es schon mal sein, dass in jeder Klammer gleiche Terme vorkommen.
Beispiel: (x + 5) • (x + 5) oder (x – 5) • (x – 5).
Für **(x + 5) • (x + 5)** schreibt der Mathematiker kürzer **$(x + 5)^2$**, **(x – 5) • (x – 5)** verkürzt sich zu **$(x – 5)^2$**.
Weil in den Klammern zweigliedrige Summen oder Differenzen stehen, nennt man solche Terme **Binome** [bi *(lat.)* = zwei]. In der Mathematik werden daher die folgenden drei Formeln als **binomische Formeln** bezeichnet:

$$(a + b)^2 = a^2 + ab + ab + b^2 = a^2 + 2ab + b^2$$
$$(a - b)^2 = a^2 - ab - ab + b^2 = a^2 - 2ab + b^2$$
$$(a + b) \cdot (a - b) = a^2 + ab - ab - b^2 = a^2 - b^2$$

Löst mit Hilfe der binomischen Formeln:

A	$(2x - 3,5)^2$	$4x^2 - 14x + 12,25$	**G**	$(4 - 9y) \cdot (4 + 9y)$	$16 - 81y^2$
B	$(8x - 5y)^2$	$64x^2 - 80xy + 25y^2$	**H**	$(3a - 5b) \cdot (3a + 5b)$	$9a^2 - 25b^2$
C	$(6a + 7) \cdot (6a - 7)$	$36a^2 - 49$	**I**	$(0,4x + 1,5y)^2$	$0,16x^2 + 1,2xy + 2,25y^2$
D	$(1,5m - 3n)^2$	$2,25m^2 - 9mn + 9n^2$	**J**	$(\frac{2}{3}a - \frac{1}{2}b)^2$	$\frac{4}{9}a^2 - \frac{2}{3}ab + \frac{1}{4}b^2$
E	$(4s + 5t) \cdot (4s - 5t)$	$16s^2 - 25t^2$	**K**	$(5g + 7)^2$	$25g^2 + 70g + 49$
F	$(12 - 5b)^2$	$144 - 120b + 25b^2$	**L**	$(2x - 15y)^2$	$4x^2 - 60xy + 225y^2$

Stationenlernen Mathematik / 9. Schuljahr – Bestell-Nr. 11 839

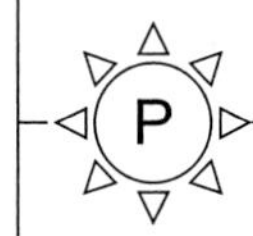

Station

 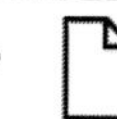 

Die binomischen Formel (Wiederholung 2)

$(a + b)^2 = a^2 + ab + ab + b^2 = a^2 + 2ab + b^2$

$(a - b)^2 = a^2 - ab - ab + b^2 = a^2 - 2ab + b^2$

Schreibt mit Hilfe der 1. oder 2. binomischen Formel als Quadrat.

A	$x^2 - 24x + 144$		H	$x^2 - 1{,}8x + 0{,}81$	
B	$x^2 + 14x + 49$		I	$x^2 + 6x + 9$	
C	$x^2 + 6{,}4x + 10{,}24$		J	$x^2 - 2xy + y^2$	
D	$x^2 - 3x + 2{,}25$		K	$2{,}25a^2 - 6ab + 4b^2$	
E	$x^2 - 1{,}1x + 0{,}3025$		L	$4a^2 + 16a + 16$	
F	$x^2 + 1{,}4x + 0{,}49$		M	$121a^2 + 198ax + 81x^2$	
G	$x^2 - 0{,}4x + 0{,}04$		N	$0{,}16x^2 + 4xy+ 25y^2$	

Stationenlernen Mathematik / 9. Schuljahr – Bestell-Nr. 11 839

Station

Gleichungen (Wiederholung)

Bestimmt jeweils die Lösungsmenge der Gleichungen.

A	$\frac{x}{2} + \frac{4x}{5} - \frac{5x}{6} - \frac{3x}{10} = 2$	K	$(x - 7) \cdot (x + 5) = (x - 3)^2$
B	$\frac{11x}{12} + \frac{3x}{4} - \frac{5x}{6} - \frac{x}{8} = 4{,}25$	L	$(x - 1)^2 + (x + 3)^2 = (x - 2)^2 + (x + 4)^2 - 2{,}5x$
C	$\frac{2x}{3} + \frac{3x}{4} + \frac{3x}{8} = \frac{5x}{12} + 5{,}5$	M	$(x + 3)^2 + (x + 2)^2 - (x + 5)^2 = (x - 2)^2 - 12$
D	$\frac{3x}{4} + \frac{2x}{9} + \frac{7x}{12} - \frac{5x}{6} = 6{,}5$	N	$x^2 + (x + 4)^2 = (x + 12) \cdot (x - 7) + (x + 8) \cdot (x + 9)$
E	$\frac{2x + 5}{9} - \frac{x}{10} = 3$	O	$(x + 4)^2 - (x + 1)^2 = (x + 7) \cdot 5$
F	$\frac{5x}{4} - \frac{9x - 8}{7} = 0{,}5$	P	$(x + 2)^2 + (x - 4)^2 = 2 \cdot (x + 1)^2 - 5x$
G	$\frac{x}{3} + \frac{5x - 5}{7} = 15$	Q	$(13x - 18)^2 - (5x + 3)^2 = (12x - 17)^2 - 88x$
H	$\frac{3x}{4} + \frac{7x + 6}{8} = 4$	R	$7x^2 - 6 \cdot (x + 1)^2 = (x - 4)^2 + 7x$
I	$\frac{x}{3} - \frac{7x - 44}{15} = 0$	S	$(x - 1)^2 - (x + 7) \cdot (x - 7) = x^2 - (x - 2)^2$
J	$\frac{2x + 3}{7} - \frac{2x}{15} = 5$	T	$(x + 4)^2 - (x + 2)^2 = 3 \cdot (x + 5)$

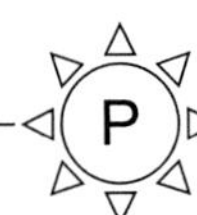

Station

Die binomischen Formel (Wiederholung 2)

$(a + b)^2 = a^2 + ab + ab + b^2 = a^2 + 2ab + b^2$

$(a - b)^2 = a^2 - ab - ab + b^2 = a^2 - 2ab + b^2$

Schreibt mit Hilfe der 1. oder 2. binomischen Formel als Quadrat.

	Term	Quadrat		Term	Quadrat
A	$x^2 - 24x + 144$	$(x - 12)^2$	**H**	$x^2 - 1{,}8x + 0{,}81$	$(x - 0{,}9)^2$
B	$x^2 + 14x + 49$	$(x + 7)^2$	**I**	$x^2 + 6x + 9$	$(x + 3)^2$
C	$x^2 + 6{,}4x + 10{,}24$	$(x + 3{,}2)^2$	**J**	$x^2 - 2xy + y^2$	$(x - y)^2$
D	$x^2 - 3x + 2{,}25$	$(x - 1{,}5)^2$	**K**	$2{,}25a^2 - 6ab + 4b^2$	$(1{,}5a - 2b)^2$
E	$x^2 - 1{,}1x + 0{,}3025$	$(x - 0{,}55)^2$	**L**	$4a^2 + 16a + 16$	$(2a + 4)^2$
F	$x^2 + 1{,}4x + 0{,}49$	$(x + 0{,}7)^2$	**M**	$121a^2 + 198ax + 81x^2$	$(11a + 9x)^2$
G	$x^2 - 0{,}4x + 0{,}04$	$(x - 0{,}2)^2$	**N**	$0{,}16x^2 + 4xy + 25y^2$	$(0{,}4x + 5y)^2$

Station

 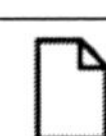 

Gleichungen (Wiederholung)

Bestimmt jeweils die Lösungsmenge der Gleichungen.

A	$\frac{x}{2} + \frac{4x}{5} - \frac{5x}{6} - \frac{3x}{10} = 2$	$\mathbb{L} = \{12\}$	**K**	$(x - 7) \cdot (x + 5) = (x - 3)^2$	$\mathbb{L} = \{11\}$
B	$\frac{11x}{12} + \frac{3x}{4} - \frac{5x}{6} - \frac{x}{8} = 4{,}25$	$\mathbb{L} = \{6\}$	**L**	$(x - 1)^2 + (x + 3)^2 = (x - 2)^2 + (x + 4)^2 - 2{,}5x$	$\mathbb{L} = \{4\}$
C	$\frac{2x}{3} + \frac{3x}{4} + \frac{3x}{8} = \frac{5x}{12} + 5{,}5$	$\mathbb{L} = \{4\}$	**M**	$(x + 3)^2 + (x + 2)^2 - (x + 5)^2 = (x - 2)^2 - 12$	$\mathbb{L} = \{1\}$
D	$\frac{3x}{4} + \frac{2x}{9} + \frac{7x}{12} - \frac{5x}{6} = 6{,}5$	$\mathbb{L} = \{9\}$	**N**	$x^2 + (x + 4)^2 = (x + 12) \cdot (x - 7) + (x + 8) \cdot (x + 9)$	$\mathbb{L} = \{2\}$
E	$\frac{2x + 5}{9} - \frac{x}{10} = 3$	$\mathbb{L} = \{20\}$	**O**	$(x + 4)^2 - (x + 1)^2 = (x + 7) \cdot 5$	$\mathbb{L} = \{20\}$
F	$\frac{5x}{4} - \frac{9x - 8}{7} = 0{,}5$	$\mathbb{L} = \{18\}$	**P**	$(x + 2)^2 + (x - 4)^2 = 2 \cdot (x + 1)^2 - 5x$	$\mathbb{L} = \{6\}$
G	$\frac{x}{3} + \frac{5x - 5}{7} = 15$	$\mathbb{L} = \{15\}$	**Q**	$(13x - 18)^2 - (5x + 3)^2 = (12x - 17)^2 - 88x$	$\mathbb{L} = \{13\}$
H	$\frac{3x}{4} + \frac{7x + 6}{8} = 4$	$\mathbb{L} = \{2\}$	**R**	$7x^2 - 6 \cdot (x + 1)^2 = (x - 4)^2 + 7x$	$\mathbb{L} = \{-2\}$
I	$\frac{x}{3} - \frac{7x - 44}{15} = 0$	$\mathbb{L} = \{22\}$	**S**	$(x - 1)^2 - (x + 7) \cdot (x - 7) = x^2 - (x - 2)^2$	$\mathbb{L} = \{9\}$
J	$\frac{2x + 3}{7} - \frac{2x}{15} = 5$	$\mathbb{L} = \{30\}$	**T**	$(x + 4)^2 - (x + 2)^2 = 3 \cdot (x + 5)$	$\mathbb{L} = \{3\}$

Stationenlernen Mathematik / 9. Schuljahr – Bestell-Nr. 11 839

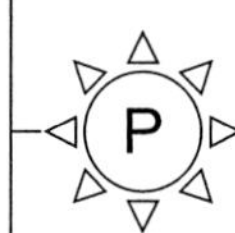

Station

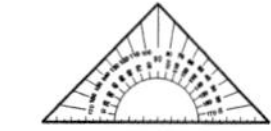

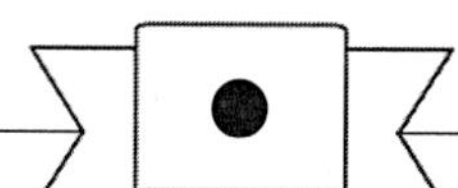

Lineare Funktionen des Typs y = m • x (1)

Füllt die Wertetabellen entsprechend den angegebenen Gleichungen aus und zeichnet die Graphen dieser proportionalen Funktionen.

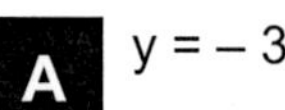

A $y = -3x$

x	–2	–1	0	1	2
y					

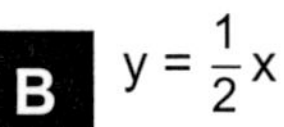

B $y = \frac{1}{2}x$

x	–6	–4	0	2	4
y					

C $y = -\frac{1}{3}x$

x	–6	–3	0	3	6
y					

D $y = 2x$

x	–2	–1	0	1	2
y					

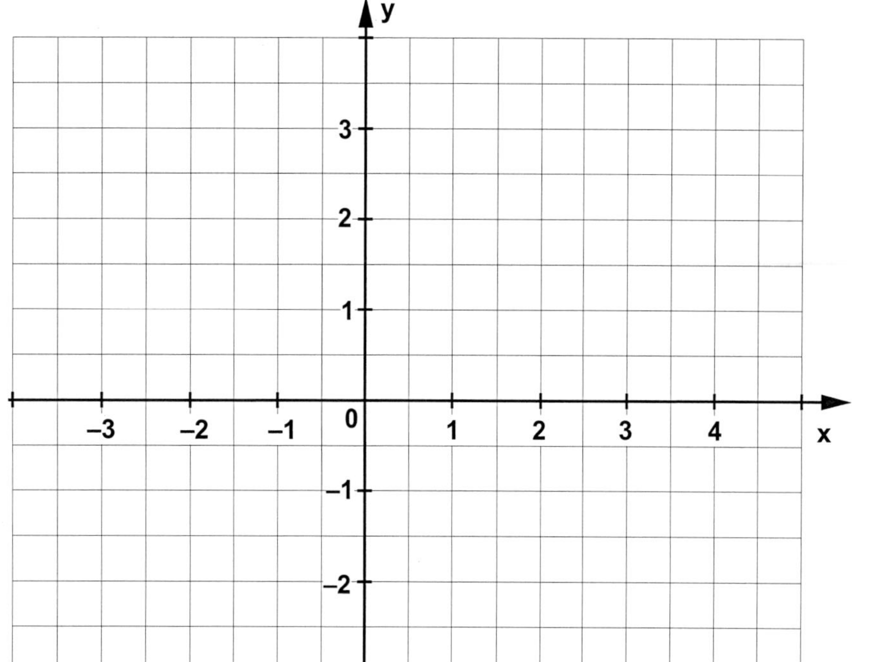

Stationenlernen Mathematik / 9. Schuljahr – Bestell-Nr. 11 839

Station

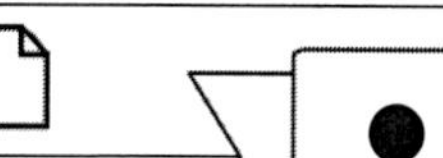

Lineare Funktionen des Typs y = m • x (2)

Gebt die Funktionsgleichungen der einzelnen Geraden an.

A

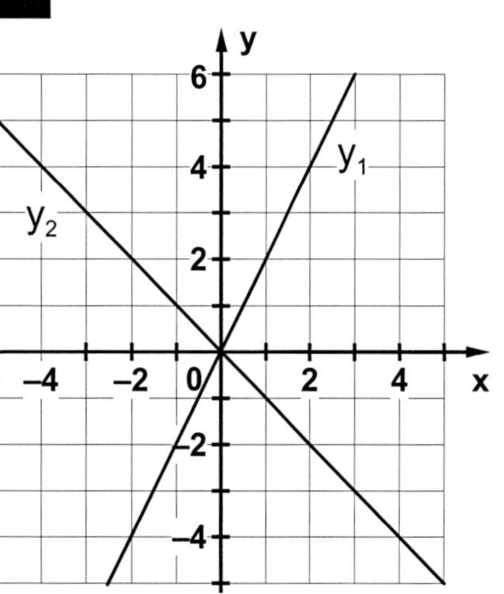

B

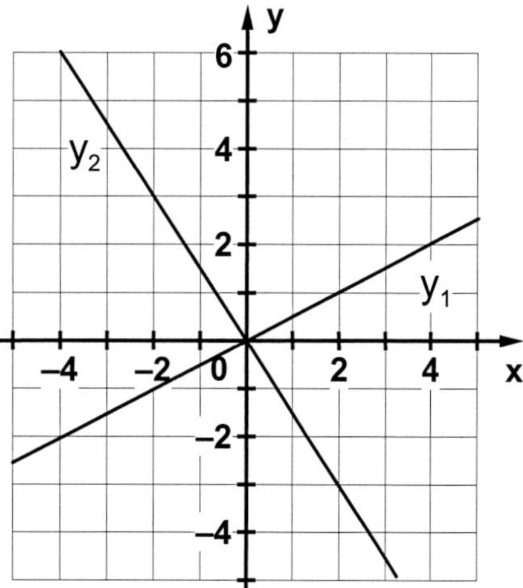

C

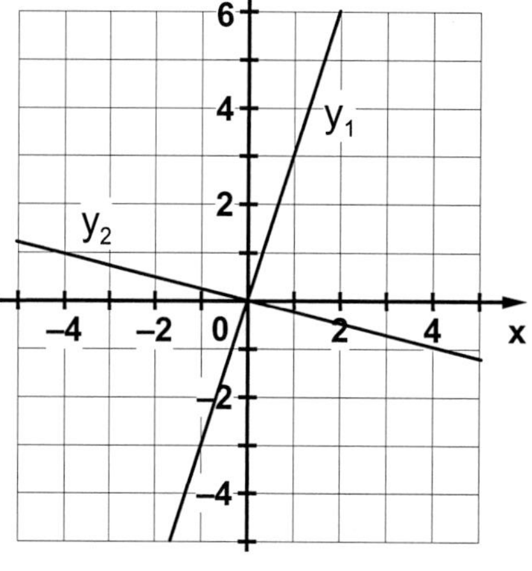

A: $y_1 =$ ____ $y_2 =$ ____

B: $y_1 =$ ____ $y_2 =$ ____

C: $y_1 =$ ____ $y_2 =$ ____

Station

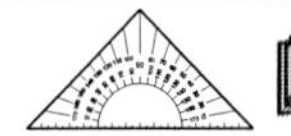

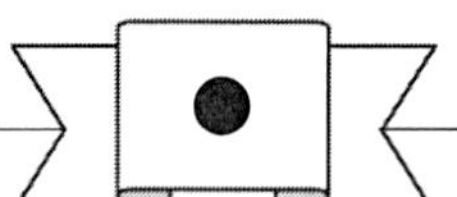

Lineare Funktionen des Typs y = m • x (1)

Füllt die Wertetabellen entsprechend den angegebenen Gleichungen aus und zeichnet die Graphen dieser proportionalen Funktionen.

A $y = -3x$

x	–2	–1	0	1	2
y	6	3	0	–3	–6

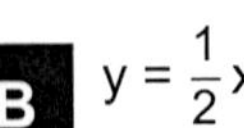

B $y = \frac{1}{2}x$

x	–6	–4	0	2	4
y	–3	–2	0	1	2

C $y = -\frac{1}{3}x$

x	–6	–3	0	3	6
y	2	1	0	–1	–2

D $y = 2x$

x	–2	–1	0	1	2
y	–4	–2	0	2	4

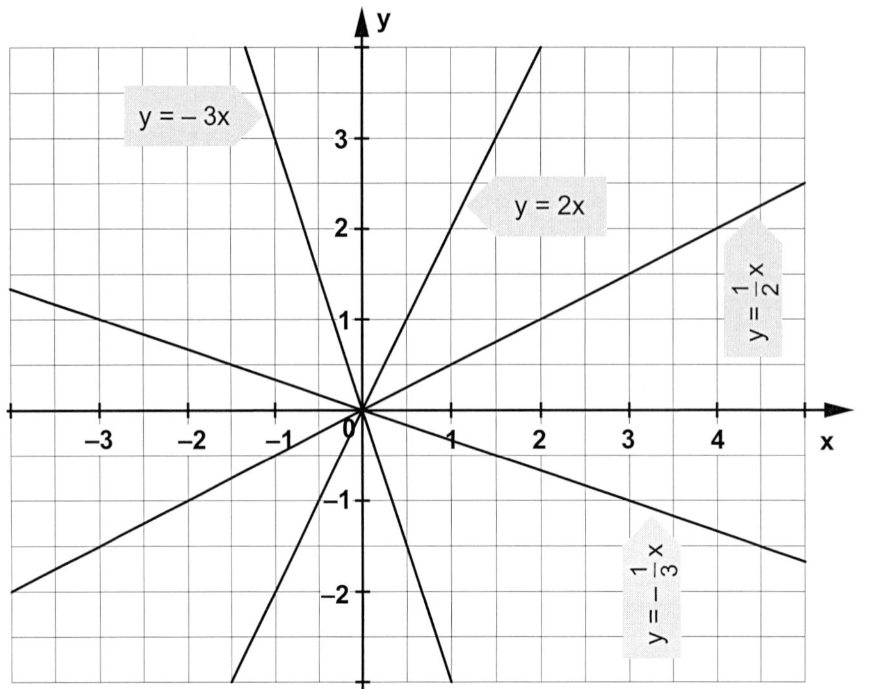

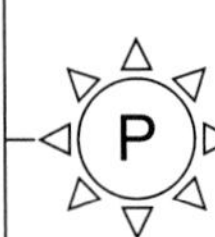

Station

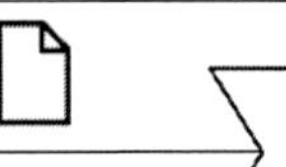
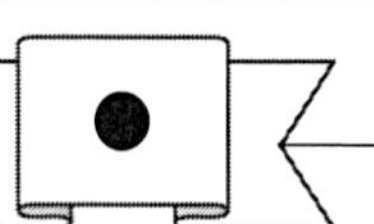

Lineare Funktionen des Typs y = m • x (2)

Gebt die Funktionsgleichungen der einzelnen Geraden an.

A

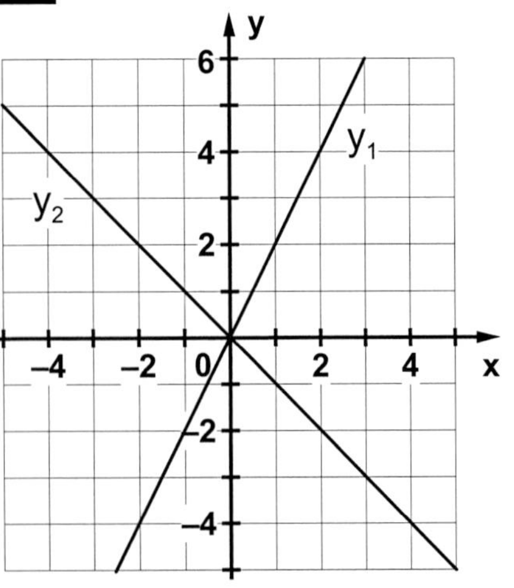

$y_1 = 2 \cdot x$

$y_2 = -x$

B

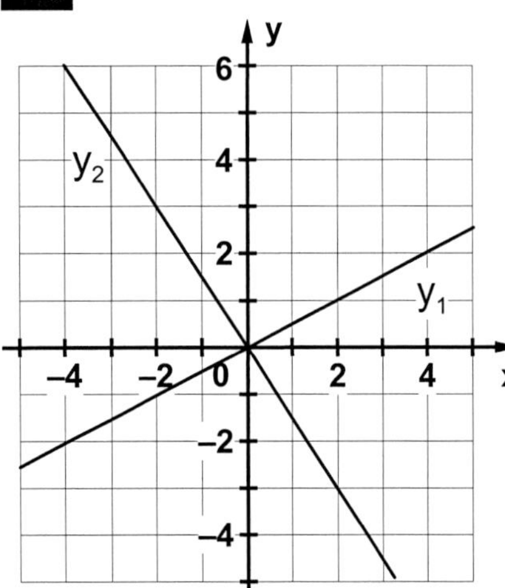

$y_1 = \frac{1}{2} \cdot x$

$y_2 = -1{,}5 \cdot x$

C

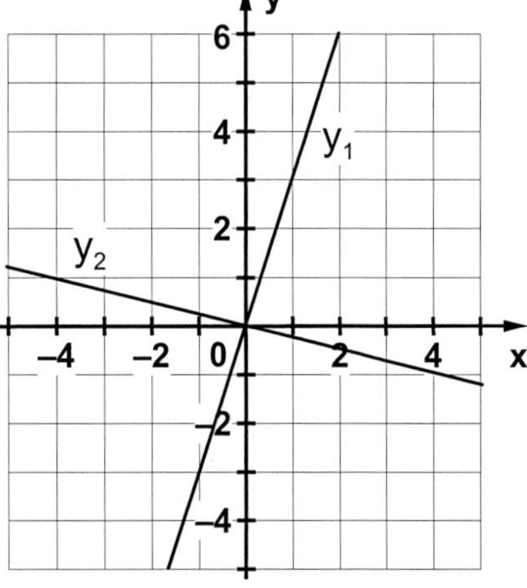

$y_1 = 3 \cdot x$

$y_2 = -\frac{1}{4} \cdot x$

Stationenlernen Mathematik / 9. Schuljahr – Bestell-Nr. 11 839

Stationenlernen Mathematik / 9. Schuljahr – Bestell-Nr. 11 839

Station

Lineare Funktionen des Typs y = m • x (3)

Gebt die Funktionsgleichungen der einzelnen Geraden an.

A

y_1 =

y_2 =

y_3 =

y_3 =

B

y_1 =

y_2 =

y_3 =

y_4 =

Stationenlernen Mathematik / 9. Schuljahr – Bestell-Nr. 11 839

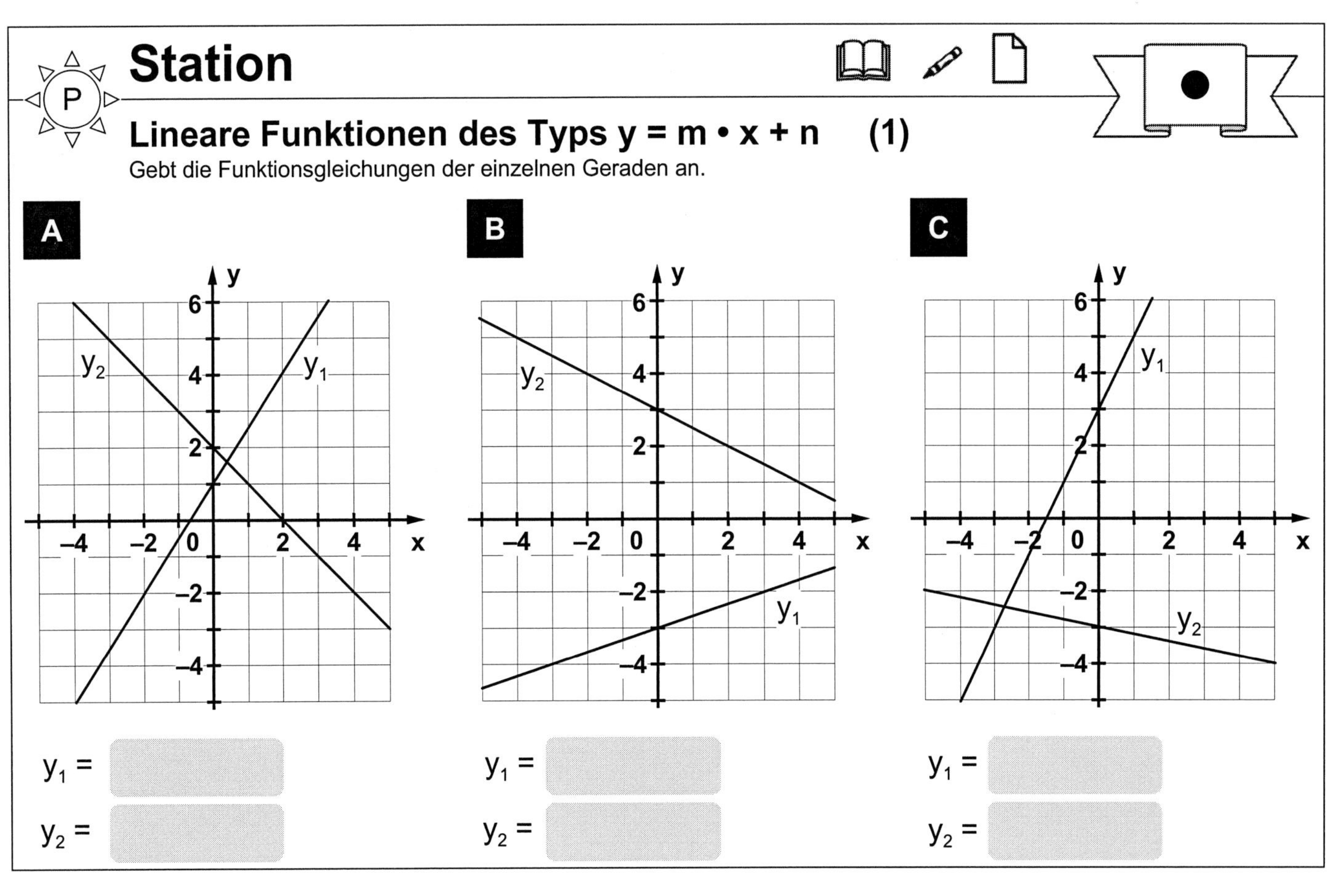

Station

Lineare Funktionen des Typs y = m • x + n (1)

Gebt die Funktionsgleichungen der einzelnen Geraden an.

A

y_1 =

y_2 =

B

y_1 =

y_2 =

C

y_1 =

y_2 =

Station

 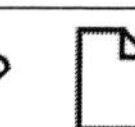  

Lineare Funktionen des Typs y = m • x (3)

Gebt die Funktionsgleichungen der einzelnen Geraden an.

A

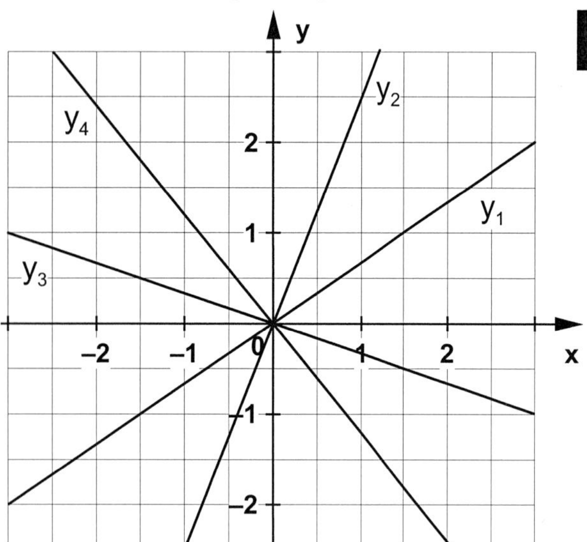

$y_1 = \frac{2}{3} \cdot x$ $y_2 = \frac{5}{2} \cdot x$

$y_3 = -\frac{1}{3} \cdot x$ $y_4 = -\frac{6}{5} \cdot x$

B

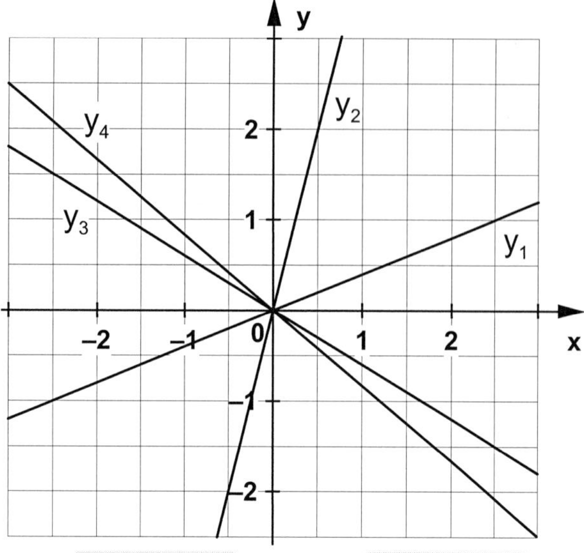

$y_1 = \frac{2}{5} \cdot x$ $y_2 = 4 \cdot x$

$y_3 = -\frac{3}{5} \cdot x$ $y_4 = -\frac{5}{6} \cdot x$

Stationenlernen Mathematik / 9. Schuljahr – Bestell-Nr. 11 839

Station

  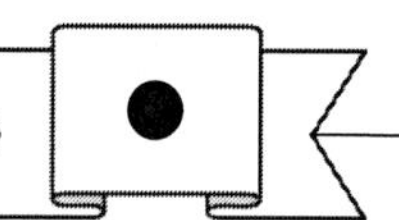

Lineare Funktionen des Typs y = m • x + n (1)

Gebt die Funktionsgleichungen der einzelnen Geraden an.

A

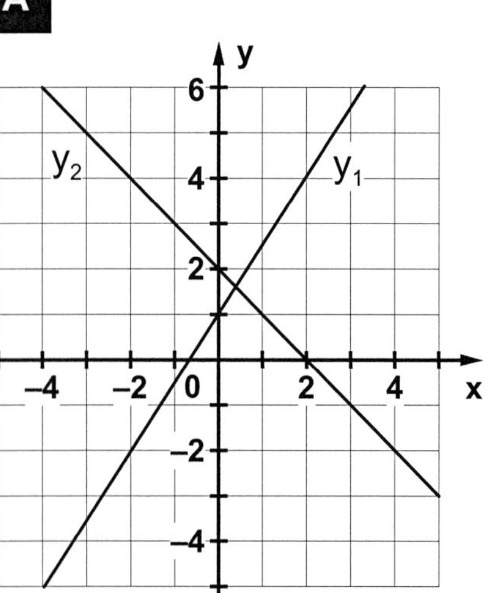

$y_1 = \frac{3}{2} \cdot x + 1$

$y_2 = -x + 2$

B

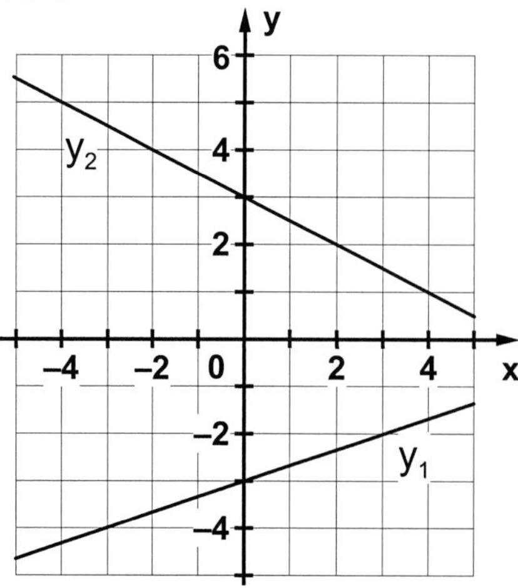

$y_1 = \frac{1}{3} \cdot x - 3$

$y_2 = -\frac{1}{2} \cdot x + 3$

C

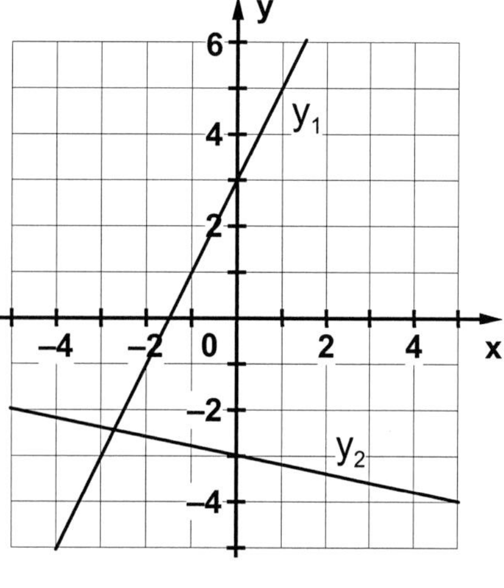

$y_1 = 2 \cdot x + 3$

$y_2 = -\frac{1}{5} \cdot x - 3$

Stationenlernen Mathematik / 9. Schuljahr – Bestell-Nr. 11 839

Station

Lineare Funktionen des Typs y = m • x + n (2)

Gebt die Funktionsgleichungen der einzelnen Geraden an.

A

y_1 = y_2 =

y_3 = y_4 =

B

y_1 = y_2 =

y_3 = y_4 =

Stationenlernen Mathematik / 9. Schuljahr – Bestell-Nr. 11 839

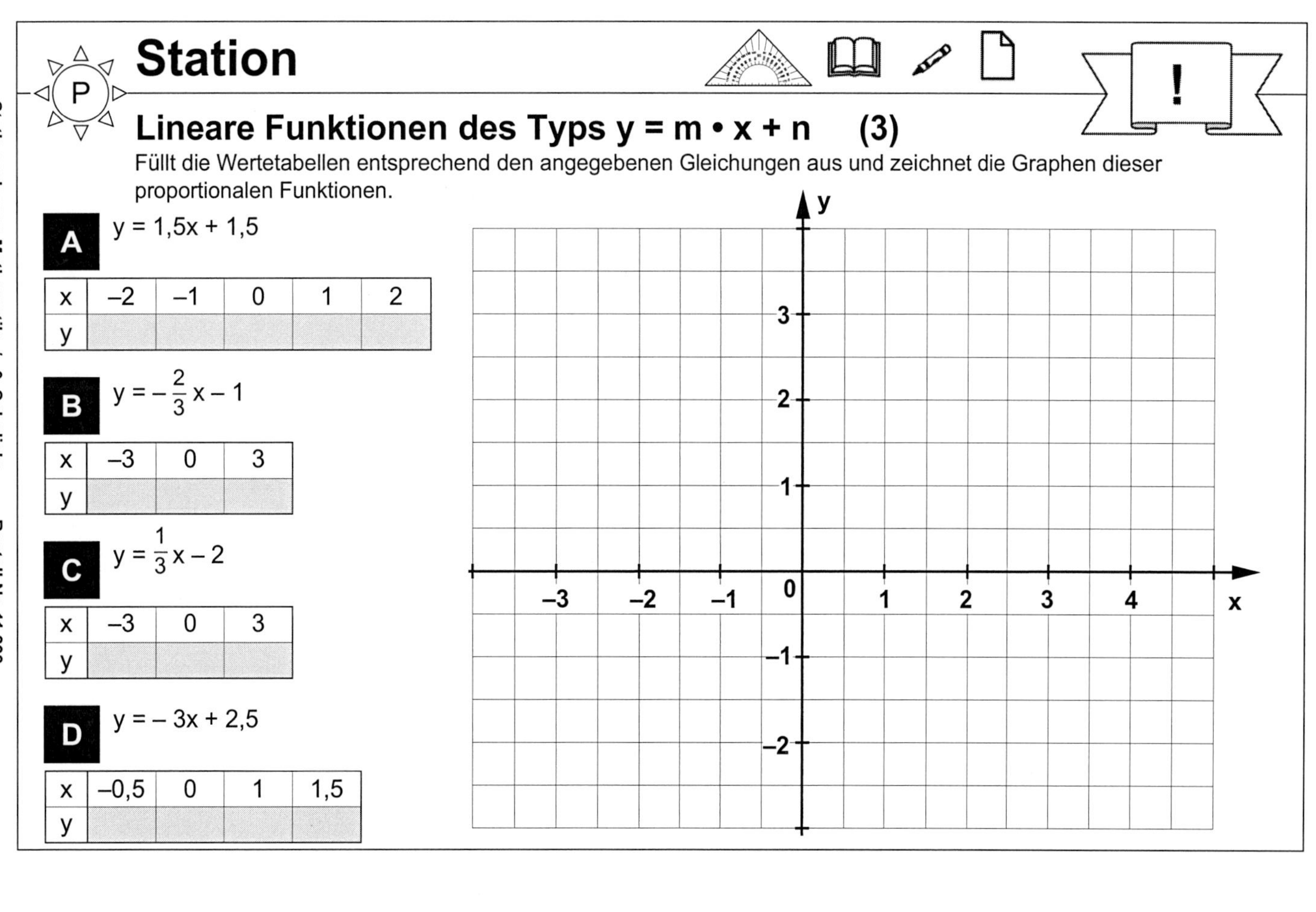

Station

Lineare Funktionen des Typs y = m • x + n (3)

Füllt die Wertetabellen entsprechend den angegebenen Gleichungen aus und zeichnet die Graphen dieser proportionalen Funktionen.

A $y = 1{,}5x + 1{,}5$

x	–2	–1	0	1	2
y					

B $y = -\frac{2}{3}x - 1$

x	–3	0	3
y			

C $y = \frac{1}{3}x - 2$

x	–3	0	3
y			

D $y = -3x + 2{,}5$

x	–0,5	0	1	1,5
y				

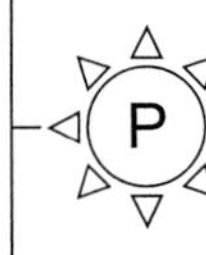

Station

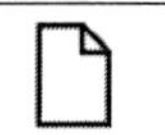

Lineare Funktionen des Typs y = m • x + n (2)

Gebt die Funktionsgleichungen der einzelnen Geraden an.

A

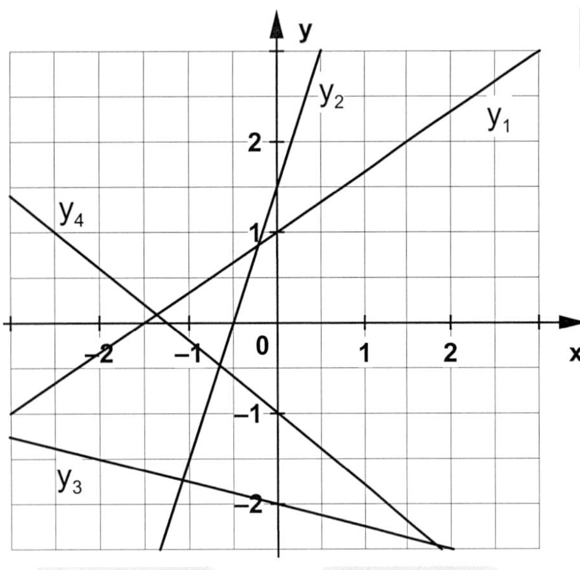

$y_1 = \frac{2}{3} \cdot x + 1$ $y_2 = 3 \cdot x + 1{,}5$

$y_3 = -\frac{1}{4} \cdot x - 2$ $y_4 = -\frac{4}{5} \cdot x - 1$

B

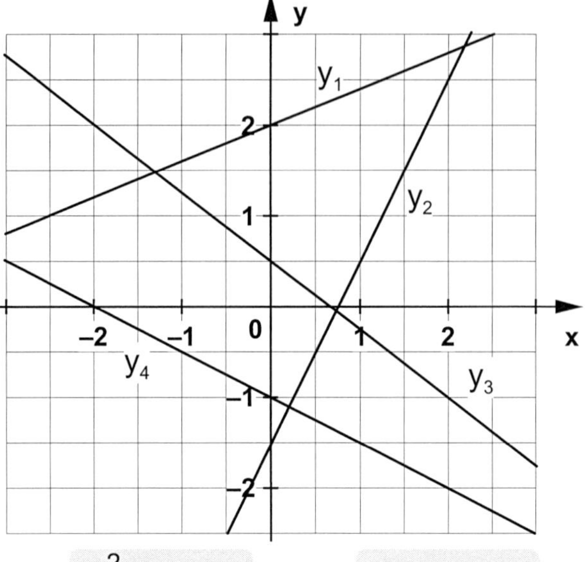

$y_1 = \frac{2}{5} \cdot x + 2$ $y_2 = 2 \cdot x - 1{,}5$

$y_3 = -\frac{3}{4} \cdot x + 0{,}5$ $y_4 = -\frac{1}{2} \cdot x - 1$

Station

Lineare Funktionen des Typs y = m • x + n (3)

Füllt die Wertetabellen entsprechend den angegebenen Gleichungen aus und zeichnet die Graphen dieser proportionalen Funktionen.

A $y = 1{,}5x + 1{,}5$

x	–2	–1	0	1	2
y	–1,5	0	1,5	3	4,5

B $y = -\frac{2}{3}x - 1$

x	–3	0	3
y	1	–1	–3

C $y = \frac{1}{3}x - 2$

x	–3	0	3
y	–3	–2	–1

D $y = -3x + 2{,}5$

x	–0,5	0	1	1,5
y	4	2,5	–0,5	–2

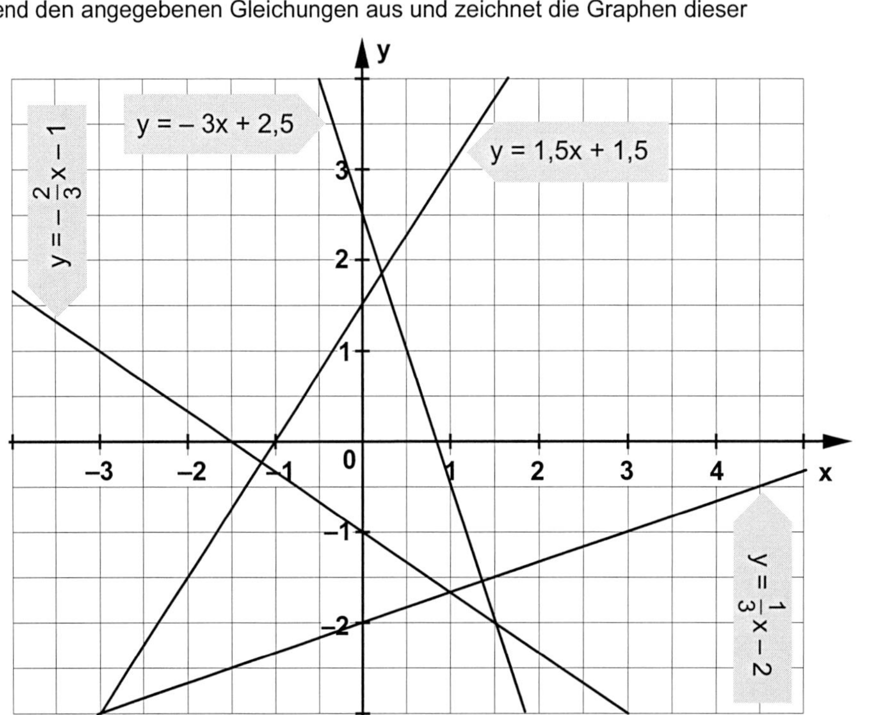

Station P

Lineare Funktionen des Typs y = m • x + n (4)

A Bestimmt jeweils die Gleichung y = mx + n.
Die Gerade verläuft durch die Punkte
a) P(4|3) und Q(– 5|– 3)
b) R(1|– 1) und S(2|3)

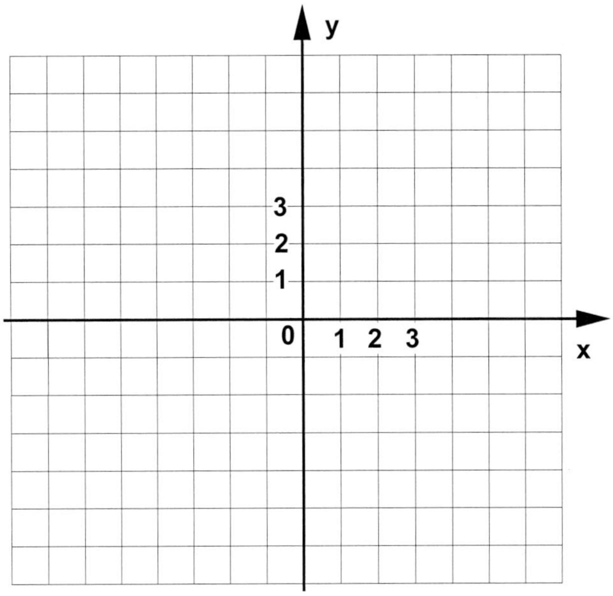

B Bestimmt jeweils die Gleichung y = mx + n.
Die Gerade verläuft durch die Punkte
a) P(3|– 4) und Q(7|– 2)
b) R(– 6|4) und S(– 2|– 3)

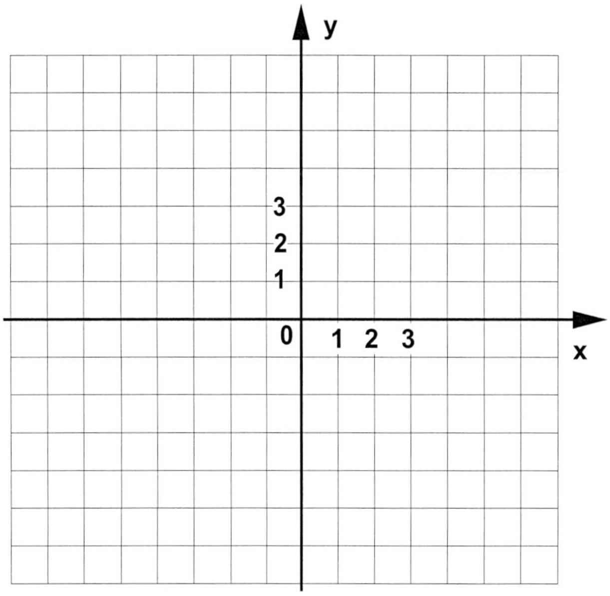

Stationenlernen Mathematik / 9. Schuljahr – Bestell-Nr. 11 839

Station E

Steigungsdreiecke (1)

Zeichne geeignete Steigungsdreiecke ein und bestimme die Funktionsgleichungen der Geraden.

A

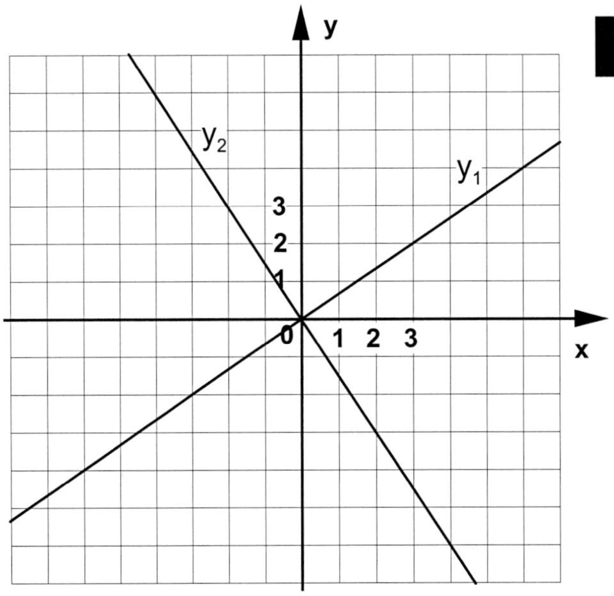

y_1 =

y_2 =

B

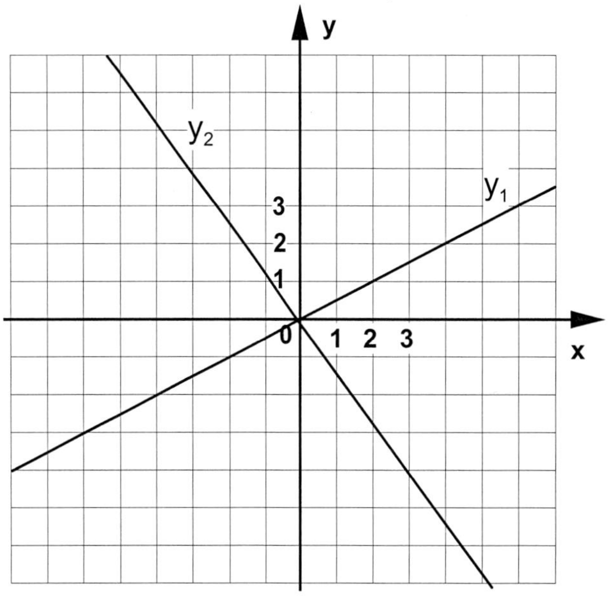

y_1 =

y_2 =

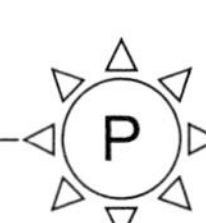

Station

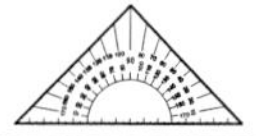  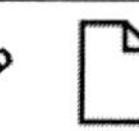 

Lineare Funktionen des Typs y = m • x + n (4)

A Bestimmt jeweils die Gleichung y = mx + n.
Die Gerade verläuft durch die Punkte
a) P(4|3) und Q(– 5|– 3)
b) R(1|– 1) und S(2|3)

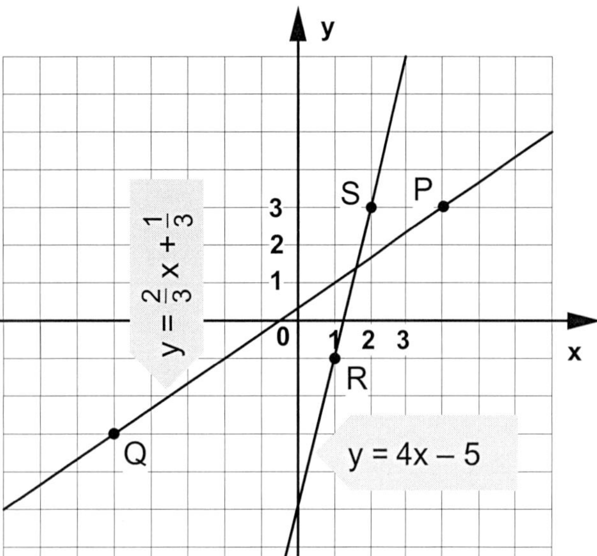

B Bestimmt jeweils die Gleichung y = mx + n.
Die Gerade verläuft durch die Punkte
a) P(3|– 4) und Q(7|– 2)
b) R(– 6|4) und S(– 2|– 3)

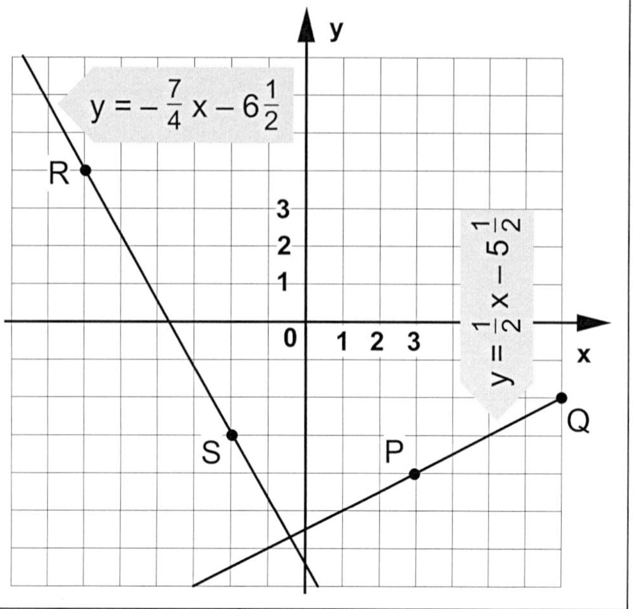

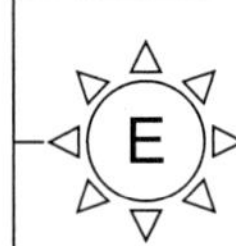

Station

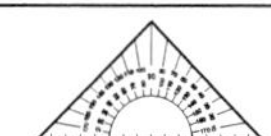  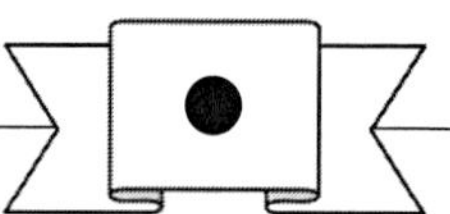

Steigungsdreiecke (1)

Zeichne geeignete Steigungsdreiecke ein und bestimme die Funktionsgleichungen der Geraden.

A

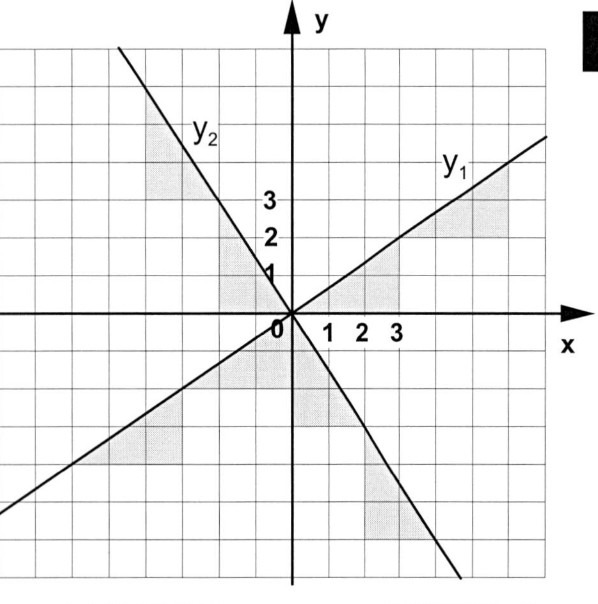

$y_1 = \frac{2}{3} \cdot x$

$y_2 = -\frac{3}{2} \cdot x$

B

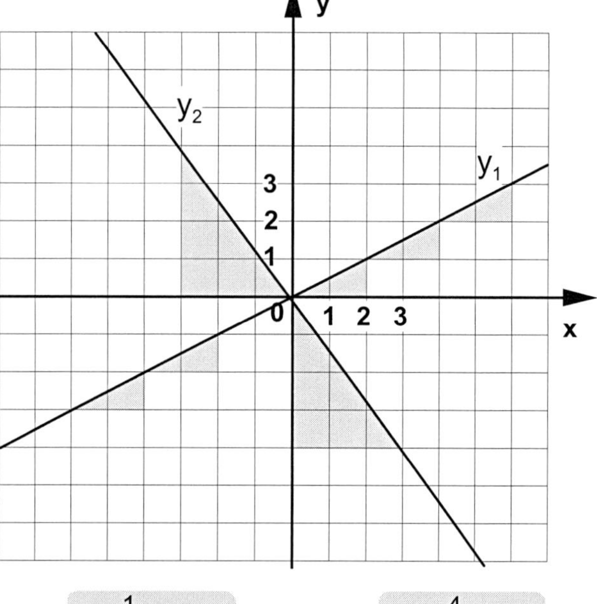

$y_1 = \frac{1}{2} \cdot x$

$y_2 = -\frac{4}{3} \cdot x$

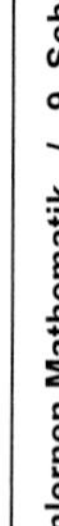

Stationenlernen Mathematik / 9. Schuljahr – Bestell-Nr. 11 839

E

Station

Steigungsdreiecke (2)

!

Zeichne geeignete Steigungsdreiecke ein und bestimme die Funktionsgleichungen der Geraden.

A

y, x, 0, 1, 2, 3, y_1, y_2

y_1 =

y_2 =

B

y, x, 0, 1, 2, 3, y_1, y_2

y_1 =

y_2 =

Stationenlernen Mathematik / 9. Schuljahr – Bestell-Nr. 11 839

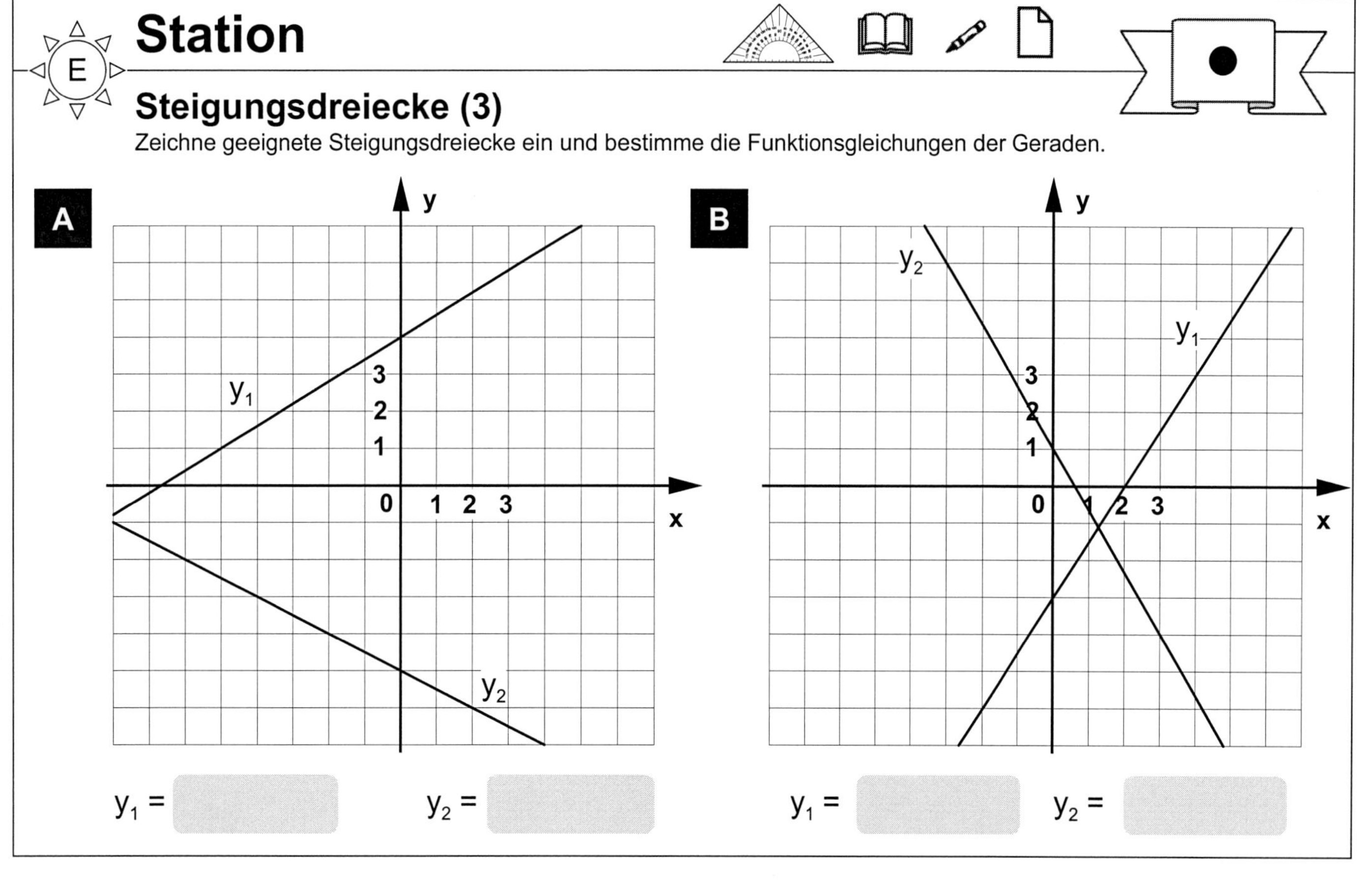

Station

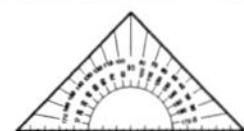

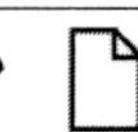

Steigungsdreiecke (2)

Zeichne geeignete Steigungsdreiecke ein und bestimme die Funktionsgleichungen der Geraden.

A

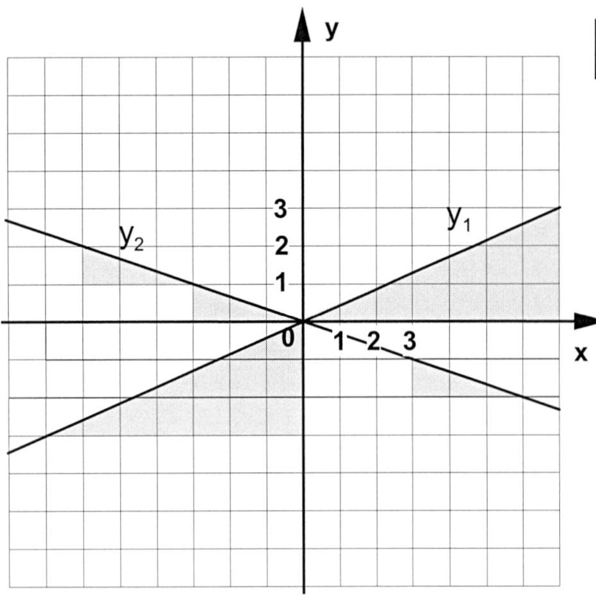

$y_1 = \frac{3}{7} \cdot x$ 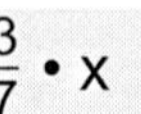 $y_2 = -\frac{1}{3}x$

B

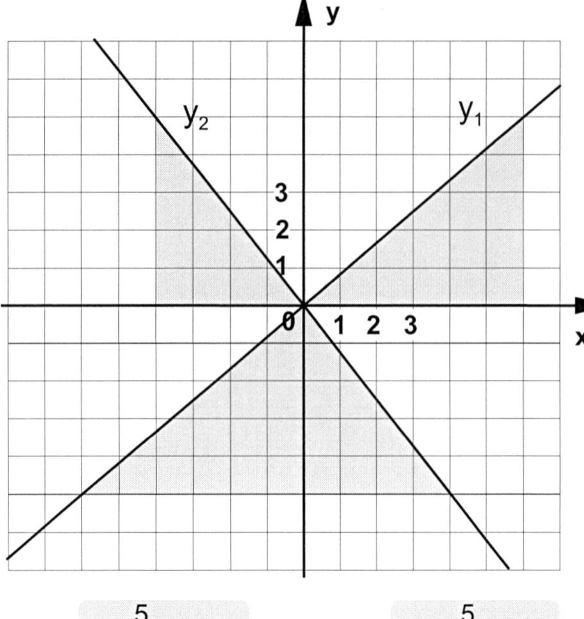

$y_1 = \frac{5}{6} \cdot x$ $y_2 = -\frac{5}{4} \cdot x$

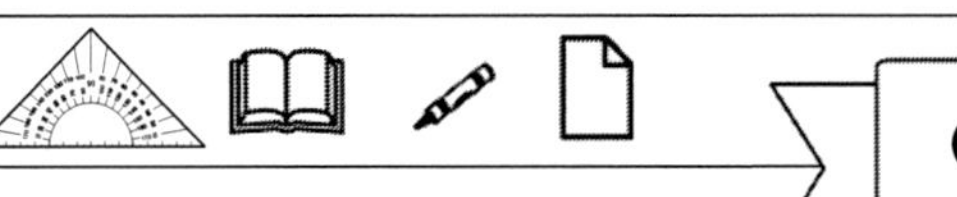

Station

Steigungsdreiecke (3)

Zeichne geeignete Steigungsdreiecke ein und bestimme die Funktionsgleichungen der Geraden.

A

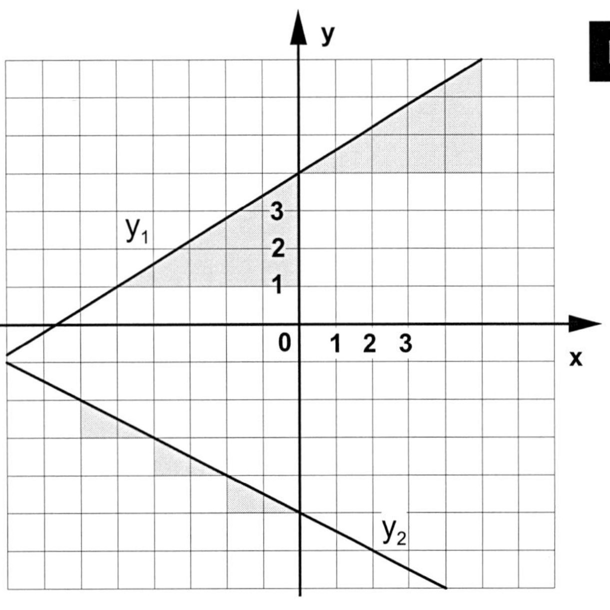

$y_1 = \frac{3}{5} \cdot x + 4$ $y_2 = -\frac{1}{2}x - 5$

B

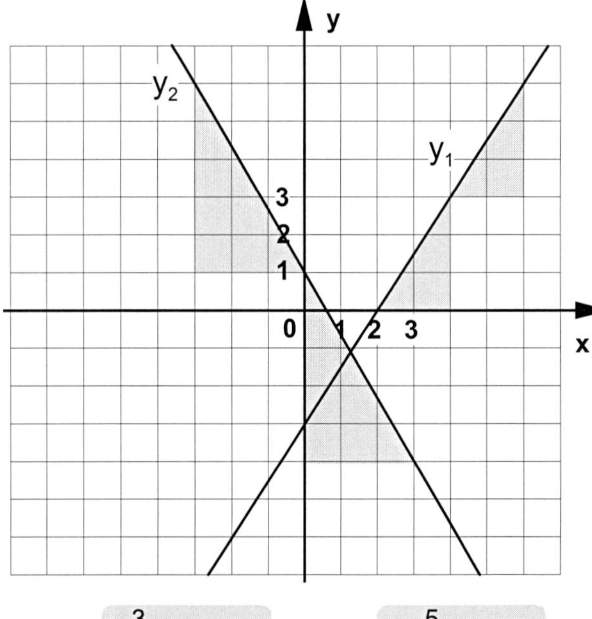

$y_1 = \frac{3}{2} \cdot x - 3$ $y_2 = -\frac{5}{3} \cdot x + 1$

Stationenlernen Mathematik / 9. Schuljahr – Bestell-Nr. 11 839

Stationenlernen Mathematik / 9. Schuljahr – Bestell-Nr. 11 839

E

Station

!

Steigungsdreiecke (4)

Zeichne geeignete Steigungsdreiecke ein und bestimme die Funktionsgleichungen der Geraden.

A

y_1 =

y_2 =

B

y_1 =

y_2 =

Stationenlernen Mathematik / 9. Schuljahr – Bestell-Nr. 11 839

E

Station

Nullstellen linearer Funktionen

Eine Stelle x, an der der Graph einer linearen Funktion die x-Achse schneidet, heißt Nullstelle der Funktion.

An welcher Stelle schneidet der Graph der Funktion die x-Achse? Ermittle zeichnerisch und rechnisch.

A

$y = 4x - 1$

Nullstelle

rechnerische Lösung:

B

$y = -\frac{3}{5}x + 1$

Nullstelle

rechnerische Lösung:

Station

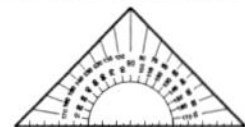

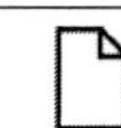

Steigungsdreiecke (4)

Zeichne geeignete Steigungsdreiecke ein und bestimme die Funktionsgleichungen der Geraden.

A

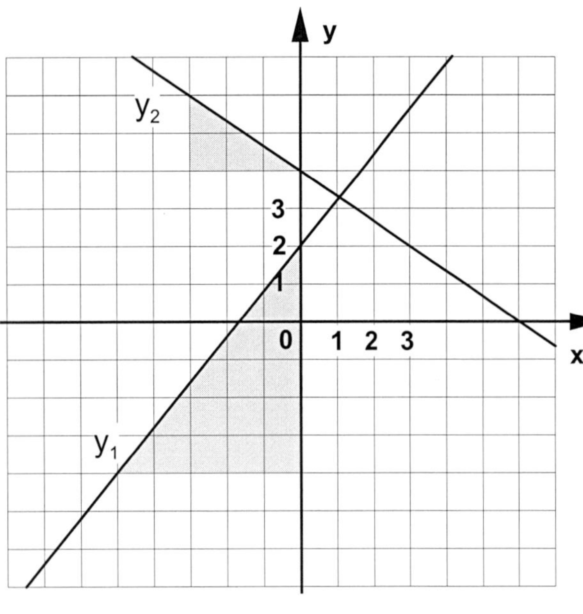

$y_1 = \frac{6}{5} \cdot x + 2$ $\qquad$ $y_2 = -\frac{2}{3}x + 4$

B

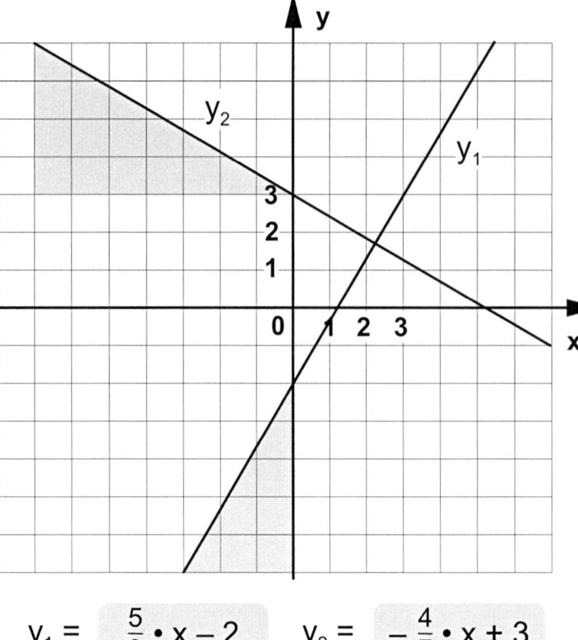

$y_1 = \frac{5}{3} \cdot x - 2$ $\qquad$ $y_2 = -\frac{4}{7} \cdot x + 3$

Stationenlernen Mathematik / 9. Schuljahr – Bestell-Nr. 11 839

Station

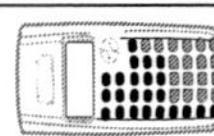
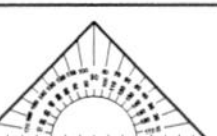

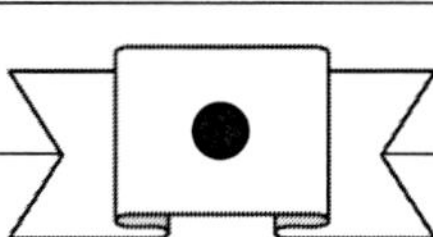

Nullstellen linearer Funktionen

Eine Stelle x, an der der Graph einer linearen Funktion die x-Achse schneidet, heißt Nullstelle der Funktion.

An welcher Stelle schneidet der Graph der Funktion die x-Achse? Ermittle zeichnerisch und rechnisch.

A

$y = 4x - 1$

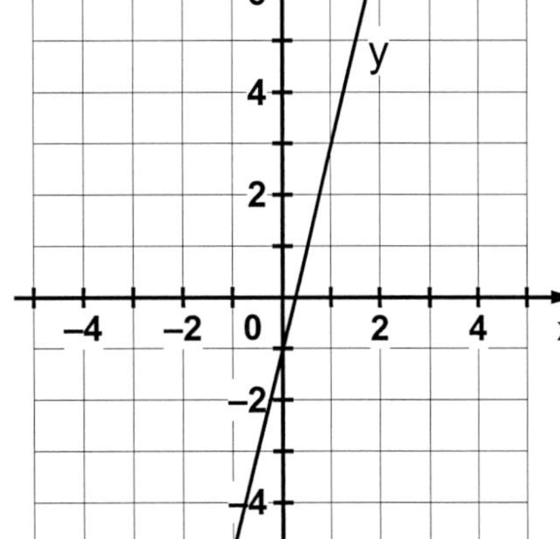

Nullstelle
$x = 0{,}25$

rechnerische Lösung: $0 = 4x - 1$
$1 = 4x$
$x = 0{,}25$

B

$y = -\frac{3}{5}x + 1$

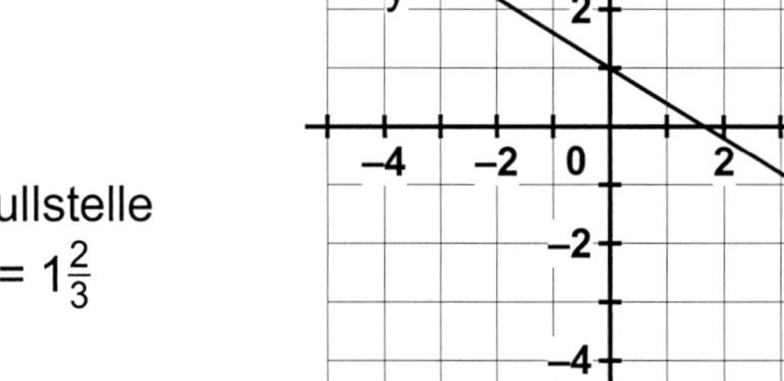

Nullstelle
$x = 1\frac{2}{3}$

rechnerische Lösung: $0 = -\frac{3}{5}x + 1$
$\frac{3}{5}x = 1$
$x = 1\frac{2}{3}$

Stationenlernen Mathematik / 9. Schuljahr – Bestell-Nr. 11 839

Station

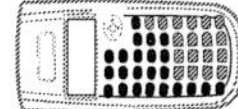 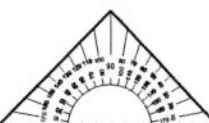  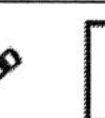 

Lineare Funktionen

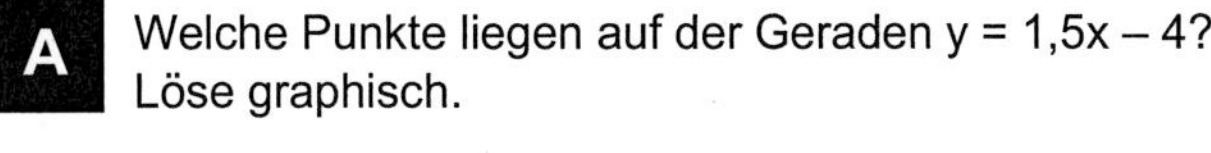

A Welche Punkte liegen auf der Geraden $y = 1{,}5x - 4$? Löse graphisch.

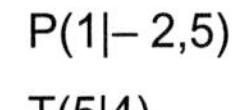

P(1|– 2,5) Q(– 2|– 6) R(4|2) S(0|–4)

T(5|4) U(2|–1)

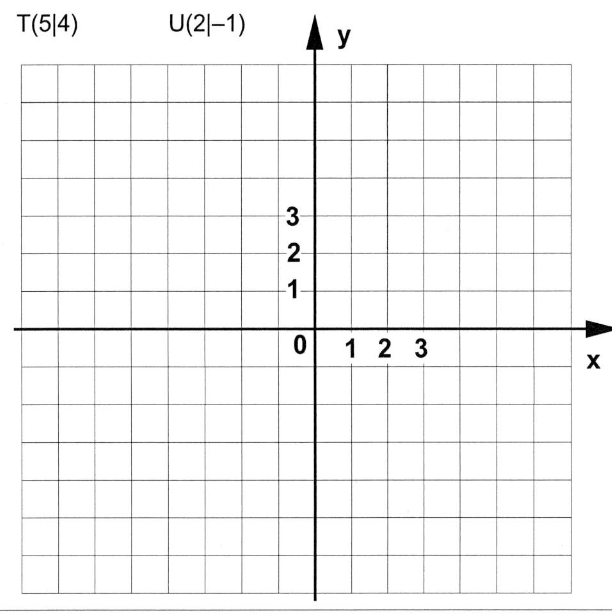

B Welche Punkte liegen auf der Geraden $y = 2{,}5x - 1$? Löse rechnerisch.

P(– 2|– 1)

Q(– 1|– 3,5)

R(2|1)

S(1|4,5)

T(1|1,5)

U(3|6,5)

C Wie groß muss x sein, damit die jeweilige Funktion den Wert 2 annimmt?

$y = -2x + 5$

$y = -3x + 4$

$y = 6x - 2$

$y = -1{,}5x + 7$

$y = \frac{1}{3}x - 1$

$y = 0{,}2x - 4$

Stationenlernen Mathematik / 9. Schuljahr – Bestell-Nr. 11 839

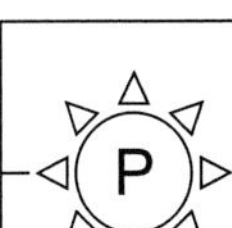

Station

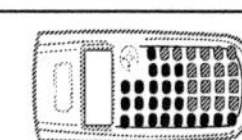 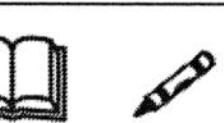 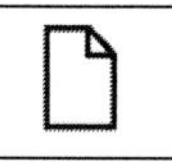 

Ermitteln der Funktionsgleichung aus zwei Punkten des Graphen

Ermittelt die Steigung m des Graphen mit $m = \frac{y_2 - y_1}{x_2 - x_1}$ und berechnet dann den y-Achsenabschnitt b, indem ihr die Koordinaten eines der beiden Punkte in die Funktionsgleichung $y = mx + b$ einsetzt.

	$P_1(x_1\|y_1)$	$P_2(x_2\|y_2)$	$x_2 - x_1$	$y_2 - y_1$	m	b	y = mx + b
A	$P_1(4\|1)$	$P_2(9\|3)$					
B	$P_1(5\|2)$	$P_2(9\|14)$					
C	$P_1(-3\|6)$	$P_2(2\|1)$					
D	$P_1(1\|-4)$	$P_2(6\|-1)$					
E	$P_1(-5\|-3)$	$P_2(2\|7{,}5)$					
F	$P_1(3{,}5\|0)$	$P_2(6{,}2\|6{,}75)$					
G	$P_1(3\|2)$	$P_2(-2\|11{,}4)$					

Station

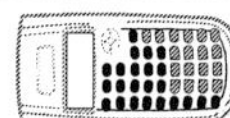 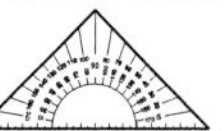   

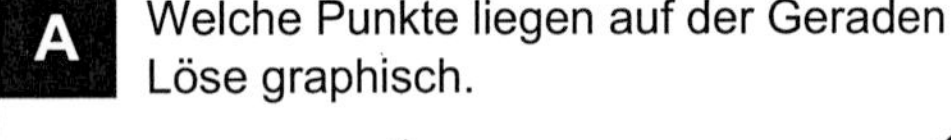

Lineare Funktionen

A Welche Punkte liegen auf der Geraden y = 1,5x – 4? Löse graphisch.

P(1|– 2,5) ✓ Q(– 2|– 6) R(4|2) ✓ S(0|–4) ✓
T(5|4) U(2|–1) ✓

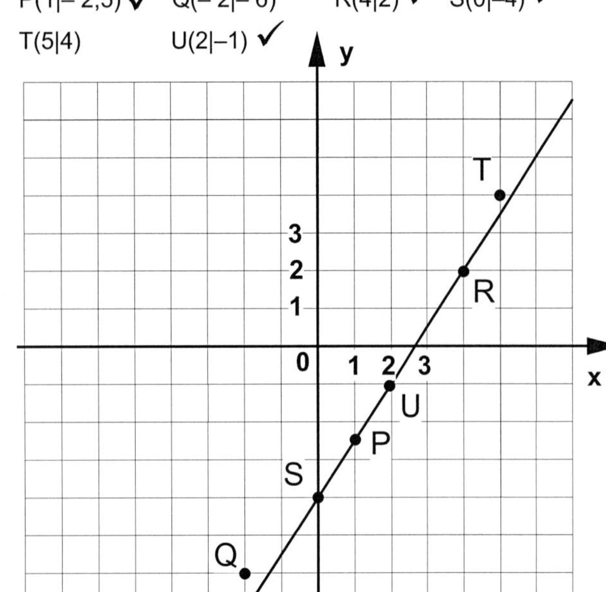

B Welche Punkte liegen auf der Geraden y = 2,5x – 1? Löse rechnerisch.

P(– 2|– 1)	$-1 = 2{,}5 \cdot (-2) - 1$	falsch, $-1 \neq -6$
Q(– 1|– 3,5)	$-3{,}5 = 2{,}5 \cdot (-1) - 1$	richtig
R(2|1)	$1 = 2{,}5 \cdot 2 - 1$	falsch, $1 \neq 4$
S(1|4,5)	$4{,}5 = 2{,}5 \cdot 1 - 1$	falsch, $4{,}5 \neq 1{,}5$
T(1|1,5)	$1{,}5 = 2{,}5 \cdot 1 - 1$	richtig
U(3|6,5)	$6{,}5 = 2{,}5 \cdot 3 - 1$	richtig

C Wie groß muss x sein, damit die jeweilige Funktion den Wert 2 annimmt?

$y = -2x + 5$	$2 = -2x + 5$	$-3 = -2x$	$x = 1{,}5$
$y = -3x + 4$	$2 = -3x + 4$	$-2 = -3x$	$x = \frac{2}{3}$
$y = 6x - 2$	$2 = 6x - 2$	$4 = 6x$	$x = \frac{2}{3}$
$y = -1{,}5x + 7$	$2 = -1{,}5x + 7$	$-5 = -1{,}5x$	$x = 3\frac{1}{3}$
$y = \frac{1}{3}x - 1$	$2 = \frac{1}{3}x - 1$	$3 = \frac{1}{3}x$	$x = 9$
$y = 0{,}2x - 4$	$2 = 0{,}2x - 4$	$6 = 0{,}2x$	$x = 30$

Station

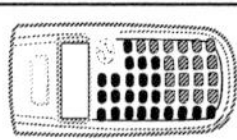  

Ermitteln der Funktionsgleichung aus zwei Punkten des Graphen

Ermittelt die Steigung m des Graphen mit $m = \frac{y_2 - y_1}{x_2 - x_1}$ und berechnet dann den y-Achsenabschnitt b, indem ihr die Koordinaten eines der beiden Punkte in die Funktionsgleichung y = mx + b einsetzt.

	$P_1(x_1\|y_1)$	$P_2(x_2\|y_2)$	$x_2 - x_1$	$y_2 - y_1$	m	b	y = mx + b
A	$P_1(4\|1)$	$P_2(9\|3)$	5	2	$\frac{2}{5}$	$-\frac{3}{5}$	$y = \frac{2}{5}x - \frac{3}{5}$
B	$P_1(5\|2)$	$P_2(9\|14)$	4	12	3	– 13	y = 3x – 13
C	$P_1(-3\|6)$	$P_2(2\|1)$	5	– 5	– 1	3	y = – x + 3
D	$P_1(1\|-4)$	$P_2(6\|-1)$	5	3	$\frac{3}{5}$	$-4\frac{3}{5}$	$y = \frac{3}{5}x - 4\frac{3}{5}$
E	$P_1(-5\|-3)$	$P_2(2\|7{,}5)$	7	10,5	1,5	$4\frac{1}{2}$	$y = 1{,}5x + 4\frac{1}{2}$
F	$P_1(3{,}5\|0)$	$P_2(6{,}2\|6{,}75)$	2,7	6,75	2,5	– 8,75	y = 2,5x – 8,75
G	$P_1(3\|2)$	$P_2(-2\|11{,}4)$	– 5	9,4	– 1,88	7,64	y = – 1,88x + 7,64

Stationenlernen Mathematik / 9. Schuljahr – Bestell-Nr. 11 839

Station P

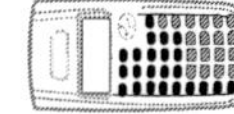

Antiproportionale Funktionen

Füllt die Wertetabellen aus und zeichnet die Graphen der antiproportionalen Funktionen.

A

$y = \frac{1}{x}$

x	y
– 4	
– 2	
– 1	
– 0,5	
– 0,25	
0,25	
0,5	
1	
2	
4	

B

$y = -\frac{2}{x} + 2$

x	y
– 4	
– 2	
– 1	
– 0,5	
– 0,25	
0,25	
0,5	
1	
2	
4	

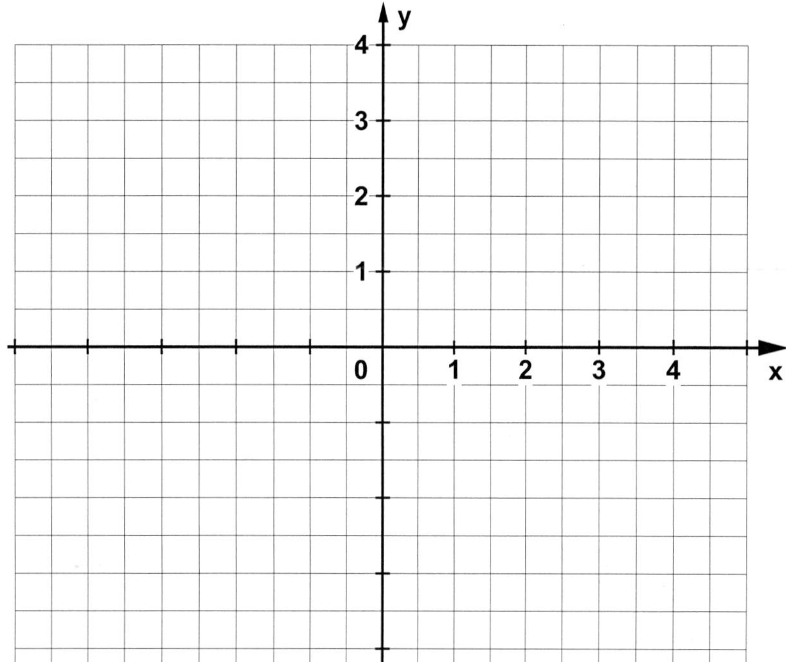

Stationenlernen Mathematik / 9. Schuljahr – Bestell-Nr. 11 839

Station E

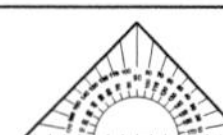

Graphische Lösung linearer Gleichungssysteme

A Löse graphisch das lineare Gleichungssystem.

$$\left| \begin{array}{l} 2x + 2y = 6 \\ 2y - 2x = 2 \end{array} \right|$$

B Löse graphisch das lineare Gleichungssystem.

$$\left| \begin{array}{l} x - 3y = 6 \\ 3x + 2y = 7 \end{array} \right|$$

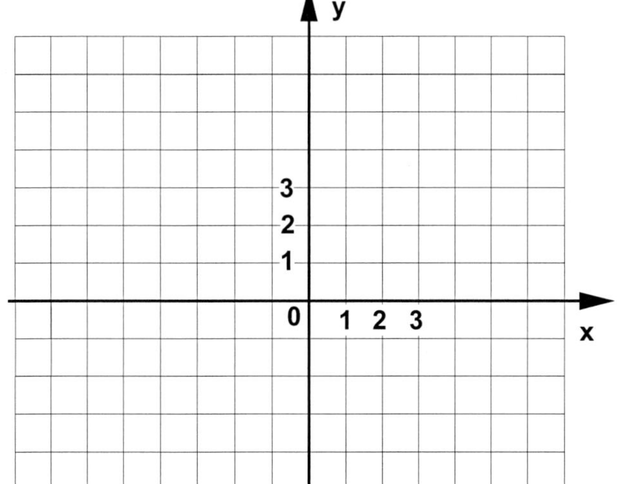

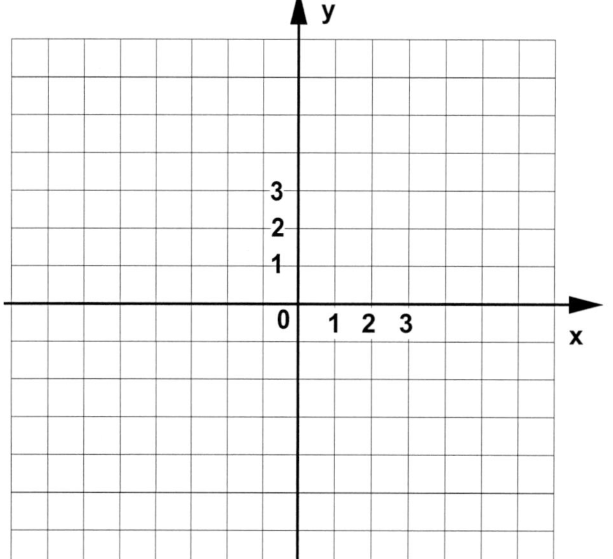

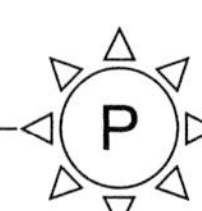

Station

  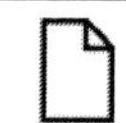

Antiproportionale Funktionen

Füllt die Wertetabellen aus und zeichnet die Graphen der antiproportionalen Funktionen.

A

$y = \frac{1}{x}$

x	y
– 4	– 0,25
– 2	– 0,5
– 1	– 1
– 0,5	– 2
– 0,25	– 4
0,25	4
0,5	2
1	1
2	0,5
4	0,25

B

$y = -\frac{2}{x} + 2$

x	y
– 4	2,5
– 2	3
– 1	4
– 0,5	6
– 0,25	10
0,25	–6
0,5	– 2
1	0
2	1
4	1,5

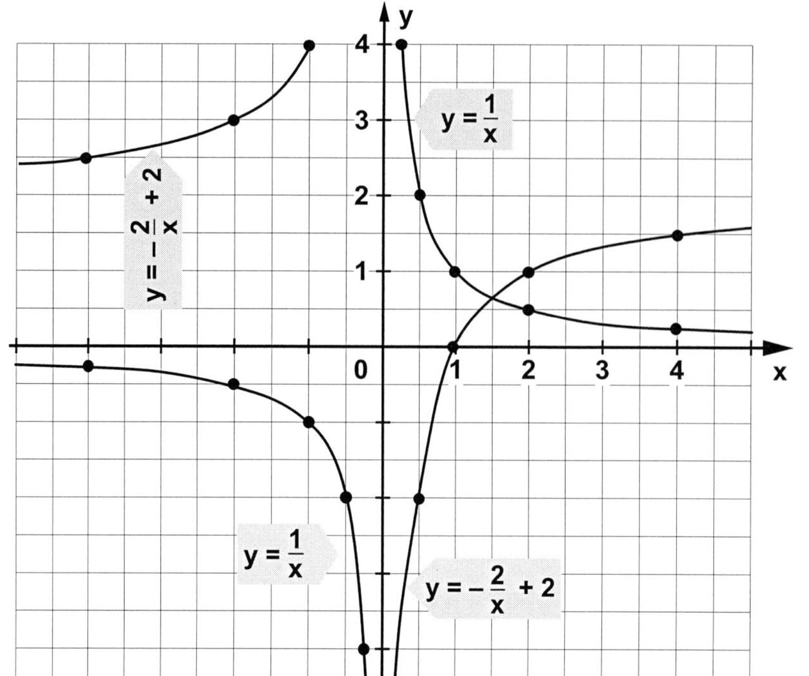

Station

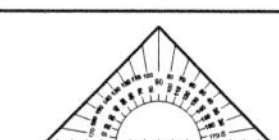 

Graphische Lösung linearer Gleichungssysteme

A Löse graphisch das lineare Gleichungssystem.

$$\left| \begin{array}{l} 2x + 2y = 6 \\ 2y - 2x = 2 \end{array} \right|$$

Lösung: (1|2)

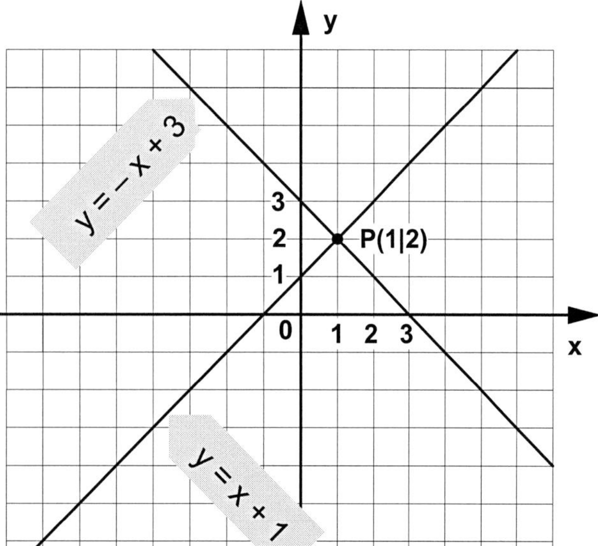

B Löse graphisch das lineare Gleichungssystem.

$$\left| \begin{array}{l} x - 3y = 6 \\ 3x + 2y = 7 \end{array} \right|$$

Lösung: (3|– 1)

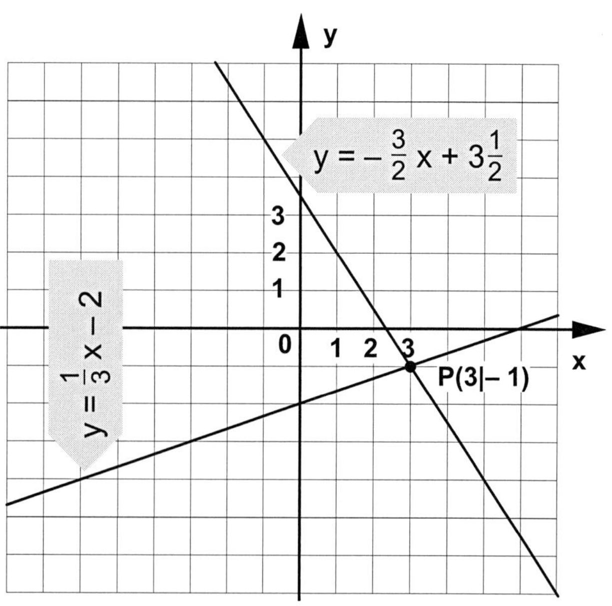

E

Station

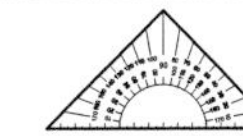

Lineare Gleichungssysteme: Das Einsetzungsverfahren

Löse das lineare Gleichungssystem jeweils mit dem Einsetzungsverfahren.

A

I. $8x + 9y = 71$
II. $y = 5x + 2$

B

I. $8x - 2y = -12{,}4$
II. $2y = 5x + 1$

C

I. $40 - 5x = 6y$
II. $x = -4y + 8$

Probe:

Probe:

Probe:

Station

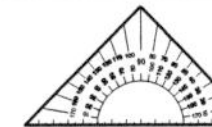

Lineare Gleichungssysteme: Das Additionsverfahren

Löse das lineare Gleichungssystem jeweils mit dem Additionsverfahren.

A

I. $6x - y = 18$
II. $6x + y = 42$

B

I. $3x + y = 23$
II. $2x - y = 12$

C

I. $3x + y = 7 \quad | \cdot 2$
II. $2x - 2y = 10$

D

I. $5x - 3y = 11$
II. $6x + y = 27 \quad | \cdot 3$

Probe:

Probe:

Probe:

Probe:

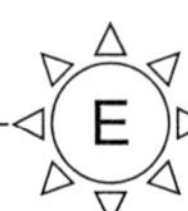

Station

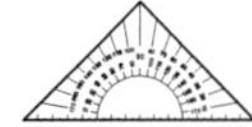   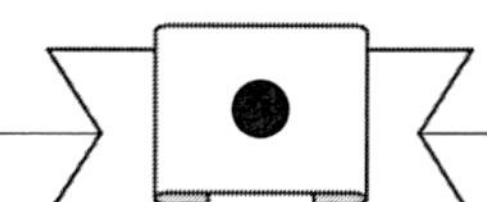

Lineare Gleichungssysteme: Das Einsetzungsverfahren

Löse das lineare Gleichungssystem jeweils mit dem Einsetzungsverfahren.

A

$$\begin{aligned}
&\text{I.} && 8x + 9y = 71\\
&\text{II.} && y = 5x + 2\\
\hline
&\text{Ia.} && 8x + 9 \cdot (5x + 2) = 71\\
&\text{IIa.} && y = 5x + 2\\
\hline
&&& 8x + 9 \cdot (5x + 2) = 71\\
&&& 8x + 45x + 18 = 71 \quad | -18\\
&&& 53x = 53 \quad | :53\\
&&& x = 1\\
&&& y = 5 \cdot 1 + 2\\
&&& y = 7\\
&&& L = \{(1|7)\}
\end{aligned}$$

Probe:

$8 \cdot 1 + 9 \cdot 7 = 71$ ✓

$7 = 5 \cdot 1 + 2$ ✓

B

$$\begin{aligned}
&\text{I.} && 8x - 2y = -12{,}4\\
&\text{II.} && 2y = 5x + 1\\
\hline
&\text{Ia.} && 8x - (5x + 1) = -12{,}4\\
&\text{IIa.} && 2y = 5x + 1\\
\hline
&&& 8x - (5x + 1) = -12{,}4\\
&&& 8x - 5x - 1 = -12{,}4 \quad | +1\\
&&& 3x = -11{,}4 \quad | :3\\
&&& x = -3{,}8\\
&&& 2y = 5 \cdot (-3{,}8) + 1\\
&&& 2y = -18 \quad | :2\\
&&& y = -9\\
&&& L = \{(-3{,}8|-9)\}
\end{aligned}$$

Probe:

$8 \cdot (-3{,}8) - 2 \cdot (-9) = -12{,}4$ ✓

$2 \cdot (-9) = 5 \cdot (-3{,}8) + 1$ ✓

C

$$\begin{aligned}
&\text{I.} && 40 - 5x = 6y\\
&\text{II.} && x = -4y + 8\\
\hline
&\text{Ia.} && 40 - 5 \cdot (-4y + 8) = 6y\\
&\text{IIa.} && x = -4y + 8\\
\hline
&&& 40 - 5 \cdot (-4y + 8) = 6y\\
&&& 40 + 20y - 40 = 6y\\
&&& 20y = 6y \quad | -6y\\
&&& 14y = 0\\
&&& y = 0\\
&&& x = -4 \cdot 0 + 8\\
&&& x = 8\\
&&& L = \{(8|0)\}
\end{aligned}$$

Probe:

$40 - 5 \cdot 8 = 6 \cdot 0$ ✓

$8 = -4 \cdot 0 + 8$ ✓

Station

Lineare Gleichungssysteme: Das Additionsverfahren

Löse das lineare Gleichungssystem jeweils mit dem Additionsverfahren.

A

$$\begin{aligned}
&\text{I.} && 6x - y = 18\\
&\text{II.} && 6x + y = 42\\
\hline
&\text{Ia.} && 12x = 60\\
&\text{IIa.} && 6x + y = 42\\
\hline
&&& 12x = 60\\
&&& x = 5\\
&&& 6 \cdot 5 + y = 42\\
&&& 30 + y = 42\\
&&& y = 12\\
&&& L = \{(5|12)\}
\end{aligned}$$

Probe:

$6 \cdot 5 - 12 = 18$ ✓

$6 \cdot 5 + 12 = 42$ ✓

B

$$\begin{aligned}
&\text{I.} && 3x + y = 23\\
&\text{II.} && 2x - y = 12\\
\hline
&\text{Ia.} && 5x = 35\\
&\text{IIa.} && 2x - y = 12\\
\hline
&&& 5x = 35\\
&&& x = 7\\
&&& 2 \cdot 7 - y = 12\\
&&& -y = -2 \quad | \cdot (-1)\\
&&& y = 2\\
&&& L = \{(7|2)\}
\end{aligned}$$

Probe:

$3 \cdot 7 + 2 = 23$ ✓

$2 \cdot 7 - 2 = 12$ ✓

C

$$\begin{aligned}
&\text{I.} && 3x + y = 7 \quad | \cdot 2\\
&\text{II.} && 2x - 2y = 10\\
\hline
&\text{Ia.} && 6x + 2y = 14\\
&\text{IIa.} && 2x - 2y = 10\\
\hline
&\text{Ib.} && 8x = 24\\
&\text{IIb.} && 2x - 2y = 10\\
\hline
&&& 8x = 24\\
&&& x = 3\\
&&& 2 \cdot 3 - 2y = 10\\
&&& -2y = 4\\
&&& y = -2\\
&&& L = \{(3|-2)\}
\end{aligned}$$

Probe:

$3 \cdot 3 - 2 = 7$ ✓

$2 \cdot 3 - 2 \cdot (-2) = 10$ ✓

D

$$\begin{aligned}
&\text{I.} && 5x - 3y = 11\\
&\text{II.} && 6x + y = 27 \quad | \cdot 3\\
\hline
&\text{Ia.} && 5x - 3y = 11\\
&\text{IIa.} && 18x + 3y = 81\\
\hline
&\text{Ib.} && 23x = 92\\
&\text{IIb.} && 18x + 3y = 81\\
\hline
&&& 23x = 92\\
&&& x = 4\\
&&& 18 \cdot 4 + 3y = 81\\
&&& 3y = 9\\
&&& y = 3\\
&&& L = \{(4|3)\}
\end{aligned}$$

Probe:

$5 \cdot 4 - 3 \cdot 3 = 11$ ✓

$6 \cdot 4 + 3 = 27$ ✓

Stationenlernen Mathematik / 9. Schuljahr – Bestell-Nr. 11 839

Station

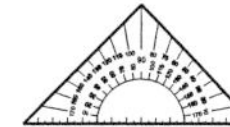   

Lineare Gleichungssysteme: Das Gleichsetzungsverfahren

Löse das lineare Gleichungssystem jeweils mit dem Gleichsetzungsverfahren.

A

I. $x = 8 + y$
II. $x = 2 - y$

Probe:

B

I. $2x + 3y = -1$
II. $2x - 4y = 20$

Probe:

C

I. $-3x - y = -12$
II. $7x - y = 18$

Probe:

Stationenlernen Mathematik / 9. Schuljahr – Bestell-Nr. 11 839

Station

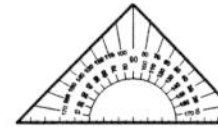 

Sachaufgaben: Lineare Gleichungssysteme (1)

Stellt jeweils das lineare Gleichungssystem auf und löst es.

A

Addiert man zum Fünffachen einer Zahl eine zweite Zahl, so erhält man 122. Subtrahiert man vom Fünffachen der ersten Zahl die zweite Zahl, so erhält man 58. Wie heißen die beiden Zahlen?

Antwort:

B

In einem gleichschenkligen Dreieck ist der Winkel an der Spitze dreimal so groß wie der Winkel an der Basis. Wie groß sind die Winkel?

Antwort:

C

In einem gleichschenkligen Dreieck, dessen Umfang 39 cm beträgt, ist jeder Schenkel um 6 cm länger als die Basis. Berechne die Längen der Seiten.

Antwort:

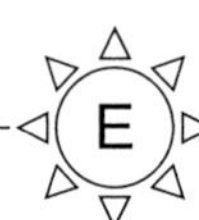

Station

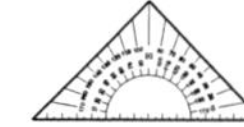   

Lineare Gleichungssysteme: Das Gleichsetzungsverfahren

Löse das lineare Gleichungssystem jeweils mit dem Gleichsetzungsverfahren.

A

I. $x = 8 + y$
II. $x = 2 - y$

Ia. $8 + y = 2 - y$
IIa. $x = 2 - y$

$8 + y = 2 - y \quad | - 2$
$6 + y = - y \quad | - y$
$6 = - 2y \quad | : (- 2)$
$- 3 = y$
$x = 2 - (- 3)$
$x = 5$
$L = \{(5|- 3)\}$

Probe:

$5 = 8 - 3$ ✓
$5 = 2 - (- 3)$ ✓

B

I. $2x + 3y = - 1$
II. $2x - 4y = 20$

Ia. $2x = - 1 - 3y$
IIa. $2x = 20 + 4y$

Ib. $- 1 - 3y = 20 + 4y$
IIb. $2x = 20 + 4y$

$- 1 - 3y = 20 + 4y \quad | - 4y \quad | + 1$
$- 7y = 21 \quad | : (- 7)$
$y = - 3$
$2x = 20 + 4 \cdot (- 3)$
$2x = 8 \quad | : 2$
$x = 4$
$L = \{(4|- 3)\}$

Probe:

$2 \cdot 4 + 3 \cdot (- 3) = - 1$ ✓
$2 \cdot 4 - 4 \cdot (- 3) = 20$ ✓

C

I. $- 3x - y = - 12 \quad | + 3x$
II. $7x - y = 18 \quad | - 7x$

Ia. $- y = - 12 + 3x$
IIa. $- y = 18 - 7x$

Ib. $- 12 + 3x = 18 - 7x$
IIb. $- y = 18 - 7x$

$- 12 + 3x = 18 - 7x \quad | + 7x \quad | + 12$
$10x = 30 \quad | : 10$
$x = 3$
$- y = 18 - 7 \cdot 3$
$- y = - 3 \quad | \cdot (- 1)$
$y = 3$
$L = \{(3|3)\}$

Probe:

$- 3 \cdot 3 - 3 = - 12$ ✓
$7 \cdot 3 - 3 = 18$ ✓

Station

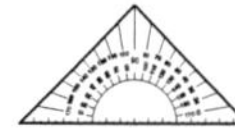  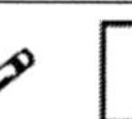

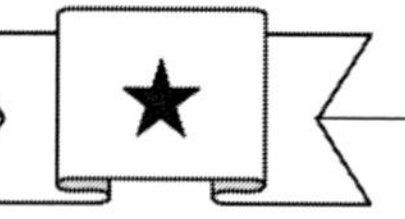

Sachaufgaben: Lineare Gleichungssysteme (1)

Stellt jeweils das lineare Gleichungssystem auf und löst es.

A

Addiert man zum Fünffachen einer Zahl eine zweite Zahl, so erhält man 122. Subtrahiert man vom Fünffachen der ersten Zahl die zweite Zahl, so erhält man 58. Wie heißen die beiden Zahlen?

I. $5x + y = 122$
II. $5x - y = 58$

Ia. $10x = 180$
IIa. $5x - y = 58$

$10x = 180$
$x = 18$
$5 \cdot 18 - y = 58$
$- y = - 32 \quad | \cdot (- 1)$
$y = 32$
$L = \{(18|32)\}$

Antwort:

Die beiden Zahlen heißen 18 und 32.

B

In einem gleichschenkligen Dreieck ist der Winkel an der Spitze dreimal so groß wie der Winkel an der Basis. Wie groß sind die Winkel?

I. $\gamma = 3 \cdot \alpha$
II. $2 \cdot \alpha + \gamma = 180$

Ia. $\gamma = 3 \cdot \alpha$
IIa. $2 \cdot \alpha + 3 \cdot \alpha = 180$

$2 \cdot \alpha + 3 \cdot \alpha = 180$
$5 \cdot \alpha = 180 \quad | : 5$
$\alpha = 36$
$\gamma = 3 \cdot \alpha$
$\gamma = 3 \cdot 36$
$\gamma = 108$
$L = \{(36|108)\}$

Antwort:

Der Winkel an der Spitze ist 108°, die Basiswinkel sind 36°.

C

In einem gleichschenkligen Dreieck, dessen Umfang 39 cm beträgt, ist jeder Schenkel um 6 cm länger als die Basis. Berechne die Längen der Seiten.

I. $2a + b = 39$
II. $a - b = 6$

Ia. $3a = 45$
IIa. $a - b = 6$

$3a = 45$
$a = 15$
$15 - b = 6$
$- b = - 9 \quad | \cdot (- 1)$
$b = 9$

Antwort:

Die beiden Schenkel sind 15 cm lang, die Basis misst 9 cm.

Stationenlernen Mathematik / 9. Schuljahr – Bestell-Nr. 11 839

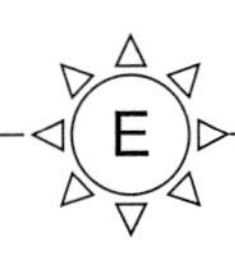

Station

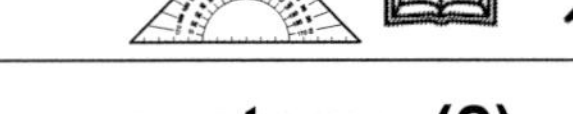

★

Sachaufgaben: Lineare Gleichungssysteme (2)

Herr Sweetnothing ist unter anderem ganz wild auf Schokolade.
Gestern kaufte er 7 Tafeln Pilka und 5 Tafeln Zitter Mord.
Dafür bezahlte er 13,90 £.
Seine Frau Sweetnothing bezahlte heute im gleichen Geschäft bei unveränderter Preislage für 3 Tafeln Pilka und 4 Tafeln Zitter Mord 8 £.
Wie viel kostet eine Tafel Pilka und eine Tafel Zitter Mord?

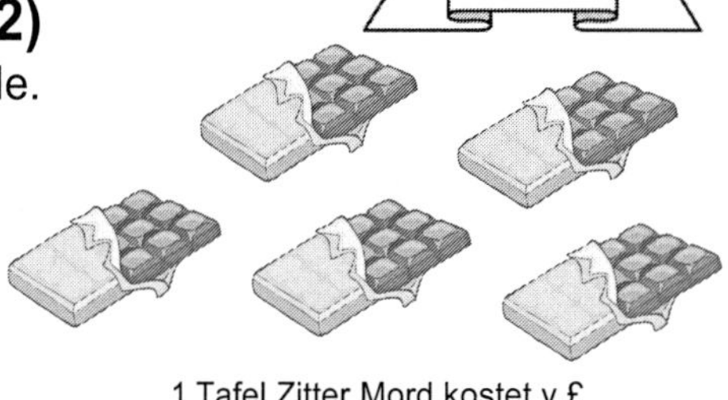

1 Tafel Zitter Mord kostet y £

1 Tafel Pilka kostet x £

Probe:

Stationenlernen Mathematik / 9. Schuljahr – Bestell-Nr. 11 839

Station

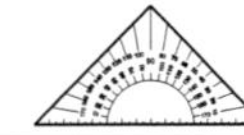

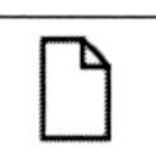

!

Sachaufgaben: Lineare Gleichungssysteme (3)

Die Pension »Zum friedlichen Säger« hat insgesamt 17 Zimmer.
Es gibt natürlich neben Einzelzimmern auch Doppelzimmer.
Insgesamt ist die Pension »Zum friedlichen Säger« komplett ausgebucht, wenn 28 Müde ihr Haupt in die wohligen Kissen dieser Pension versenken und friedlich vor sich hin schnarchen.
Wie viele Einzelzimmer und Doppelzimmer gibt es?

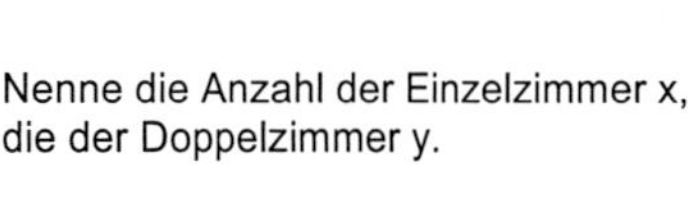

Nenne die Anzahl der Einzelzimmer x, die der Doppelzimmer y.

Probe:

E

Station

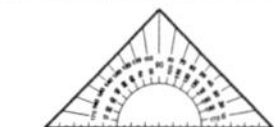    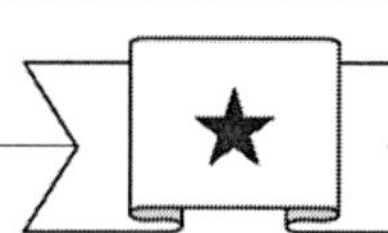

Sachaufgaben: Lineare Gleichungssysteme (2)

Herr Sweetnothing ist unter anderem ganz wild auf Schokolade.
Gestern kaufte er 7 Tafeln Pilka und 5 Tafeln Zitter Mord.
Dafür bezahlte er 13,90 £.
Seine Frau Sweetnothing bezahlte heute im gleichen Geschäft bei unveränderter Preislage für 3 Tafeln Pilka und 4 Tafeln Zitter Mord 8 £.
Wie viel kostet eine Tafel Pilka und eine Tafel Zitter Mord?

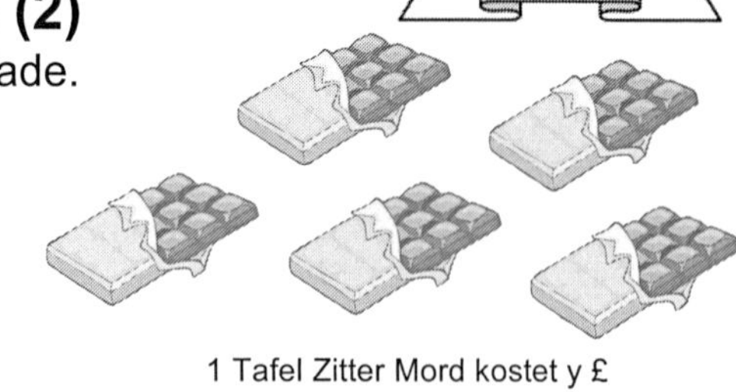

1 Tafel Zitter Mord kostet y £

1 Tafel Pilka kostet x £

$$
\begin{array}{lrcll}
\textbf{I.} & 7x + 5y & = & 13{,}90 & | \cdot 4 \\
\textbf{II.} & 3x + 4y & = & 8{,}00 & | \cdot (-5) \\
\hline
\textbf{Ia.} & 28x + 20y & = & 55{,}60 & \\
\textbf{IIa.} & -15x - 20y & = & -40{,}00 & \text{Additionsverfahren} \\
\hline
\textbf{Ib.} & 13x & = & 15{,}60 & \\
\textbf{IIb.} & 28x + 20y & = & 55{,}60 & \\
\hline
 & 13x & = & 15{,}60 & \textit{Nebenrechnung:}\ \text{Dividiere durch 13} \\
 & x & = & 1{,}20 & \\
 & 28 \cdot 1{,}20 + 20y & = & 55{,}60 & \text{Setze1,20 für x in die Gleichung IIb. ein} \\
 & 33{,}60 + 20y & = & 55{,}60 & \\
 & 20y & = & 22{,}00 & \\
 & y & = & 1{,}10 &
\end{array}
$$

Probe:

$$
\begin{array}{rcl}
7 \cdot 1{,}20 + 5 \cdot 1{,}10 & = & 13{,}90 \\
13{,}90 & = & 13{,}90 \\
3 \cdot 1{,}20 + 4 \cdot 1{,}10 & = & 8{,}00 \\
8{,}00 & = & 8{,}00
\end{array}
$$

1 Tafel Pilka kostet 1,20 £,
1 Tafel Zitter Mord 1,10 £.

E

Station

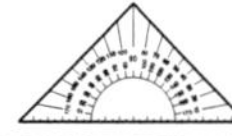  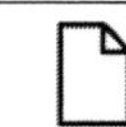 

Sachaufgaben: Lineare Gleichungssysteme (3)

Die Pension »Zum friedlichen Säger« hat insgesamt 17 Zimmer.
Es gibt natürlich neben Einzelzimmern auch Doppelzimmer.
Insgesamt ist die Pension »Zum friedlichen Säger« komplett ausgebucht, wenn 28 Müde ihr Haupt in die wohligen Kissen dieser Pension versenken und friedlich vor sich hin schnarchen.
Wie viele Einzelzimmer und Doppelzimmer gibt es?

Nenne die Anzahl der Einzelzimmer x, die der Doppelzimmer y.

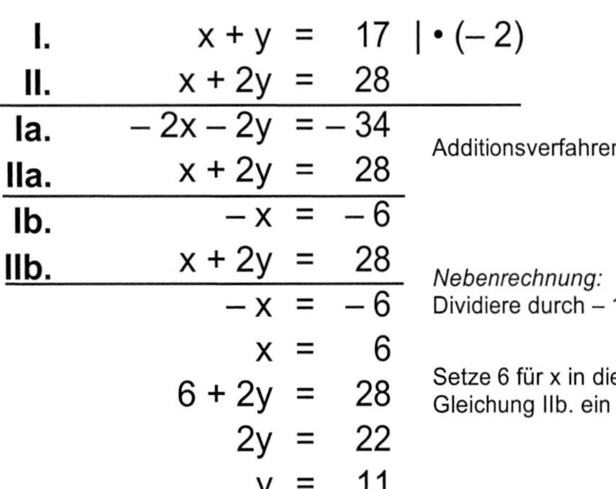

$$
\begin{array}{lrcll}
\textbf{I.} & x + y & = & 17 & | \cdot (-2) \\
\textbf{II.} & x + 2y & = & 28 & \\
\hline
\textbf{Ia.} & -2x - 2y & = & -34 & \\
\textbf{IIa.} & x + 2y & = & 28 & \text{Additionsverfahren} \\
\hline
\textbf{Ib.} & -x & = & -6 & \\
\textbf{IIb.} & x + 2y & = & 28 & \\
\hline
 & -x & = & -6 & \textit{Nebenrechnung:}\ \text{Dividiere durch} -1 \\
 & x & = & 6 & \\
 & 6 + 2y & = & 28 & \text{Setze 6 für x in die Gleichung IIb. ein} \\
 & 2y & = & 22 & \\
 & y & = & 11 &
\end{array}
$$

Probe:

$$
\begin{array}{rcl}
6 + 11 & = & 17 \\
17 & = & 17 \\
6 + 2 \cdot 11 & = & 28 \\
28 & = & 28
\end{array}
$$

Die Pension hat 6 Einzel- und 11 Doppelzimmer.

Station E

Ähnliche Figuren

Untersuche, welche Vielecke zueinander ähnlich sind.

A B D K N L C G H M P E F O J Q

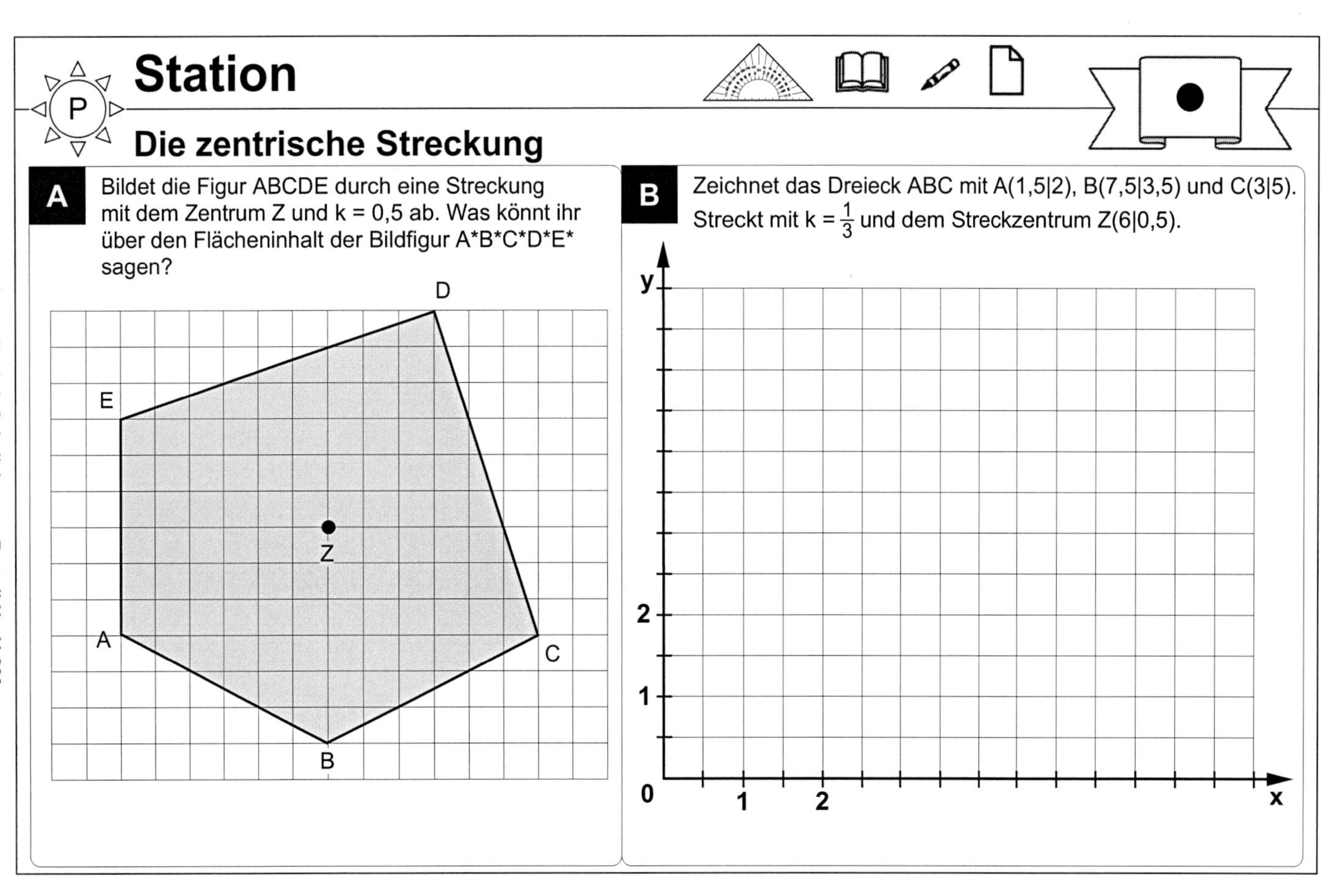

Stationenlernen Mathematik / 9. Schuljahr – Bestell-Nr. 11 839

Station P

Die zentrische Streckung

A Bildet die Figur ABCDE durch eine Streckung mit dem Zentrum Z und k = 0,5 ab. Was könnt ihr über den Flächeninhalt der Bildfigur A*B*C*D*E* sagen?

B Zeichnet das Dreieck ABC mit A(1,5|2), B(7,5|3,5) und C(3|5). Streckt mit $k = \frac{1}{3}$ und dem Streckzentrum Z(6|0,5).

Station E

Ähnliche Figuren

Untersuche, welche Vielecke zueinander ähnlich sind.

A, K und P sind ähnliche, H und B sind ähnlich, C und F sind ähnlich

Stationenlernen Mathematik / 9. Schuljahr – Bestell-Nr. 11 839

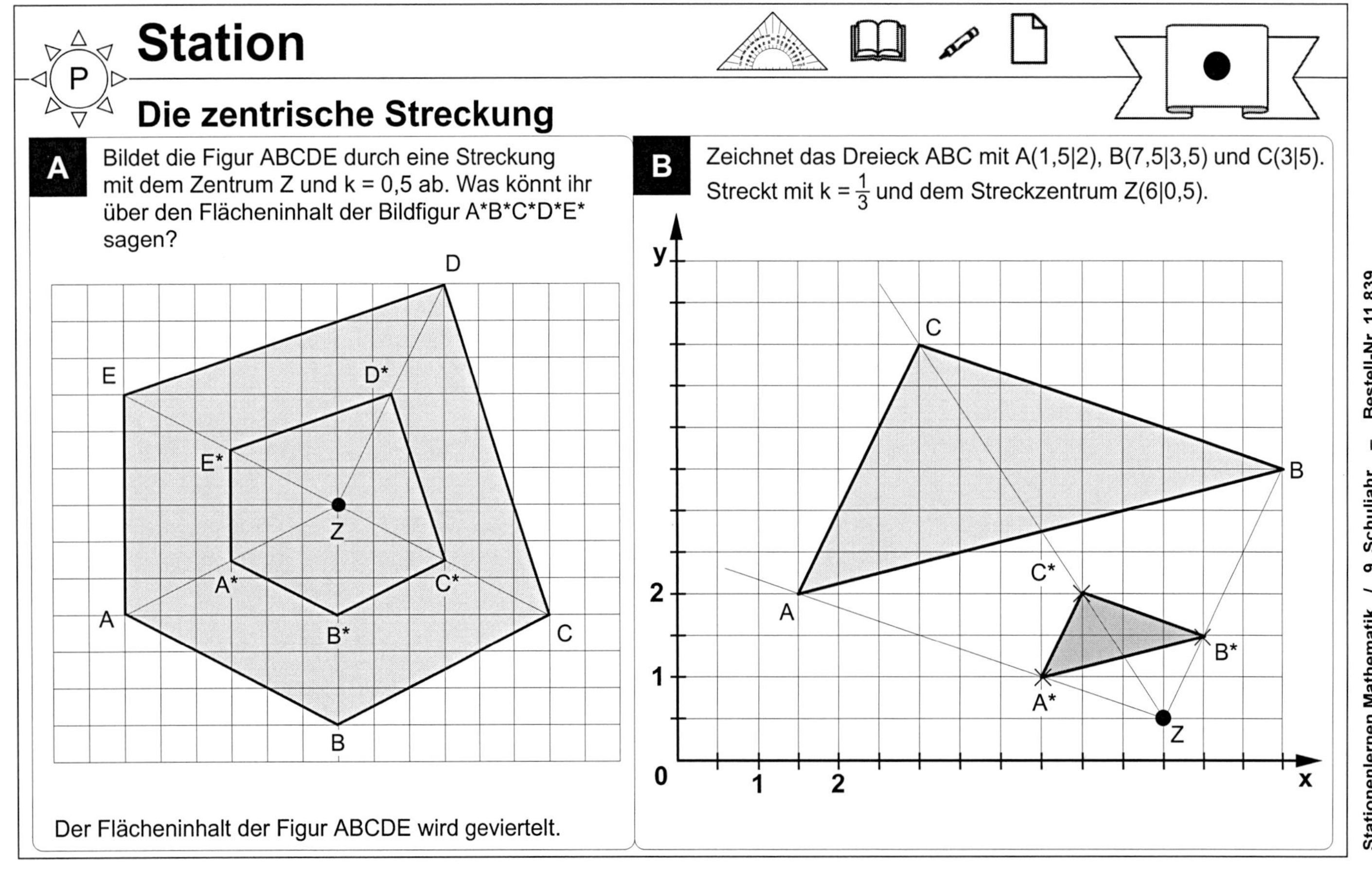

Station

Strahlensätze (1)

Berechnet jeweils die Länge der Strecke x.

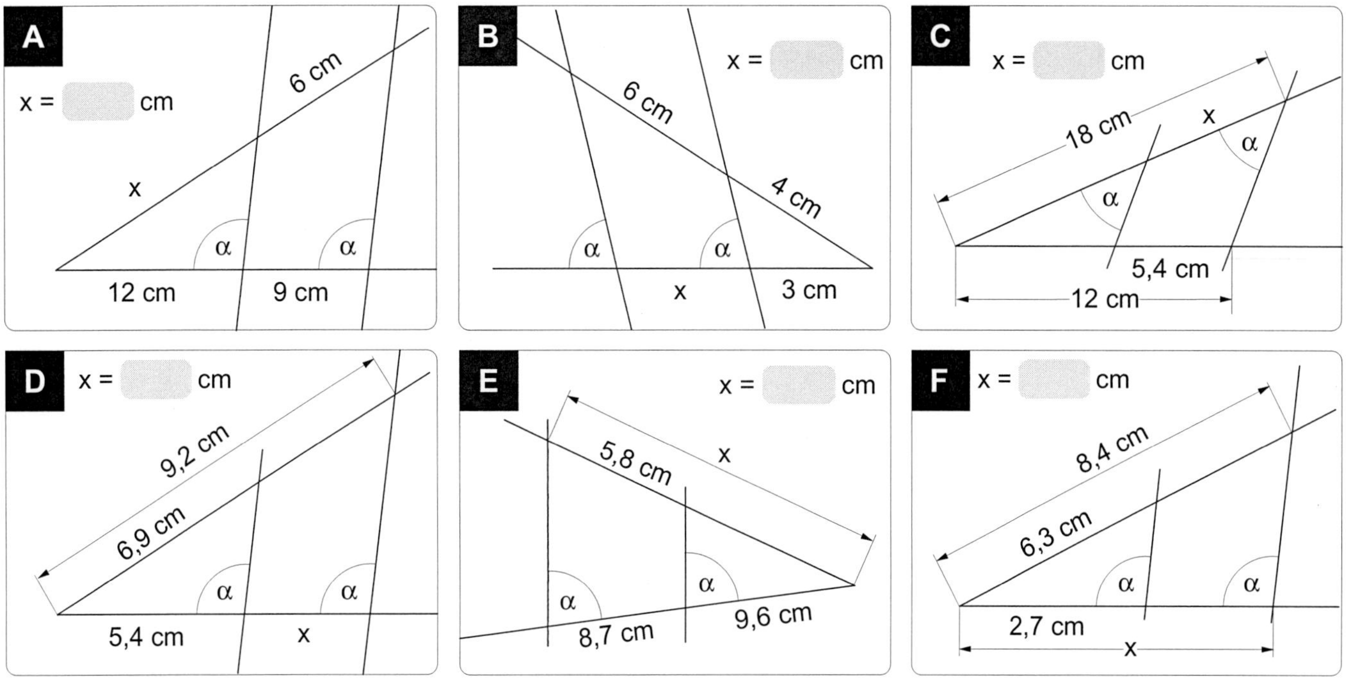

A
x = ___ cm

B
x = ___ cm

C
x = ___ cm

D
x = ___ cm

E
x = ___ cm

F
x = ___ cm

Stationenlernen Mathematik / 9. Schuljahr – Bestell-Nr. 11 839

Station

Strahlensätze (2)

Ergänzt mithilfe des 1. Strahlensatzes.

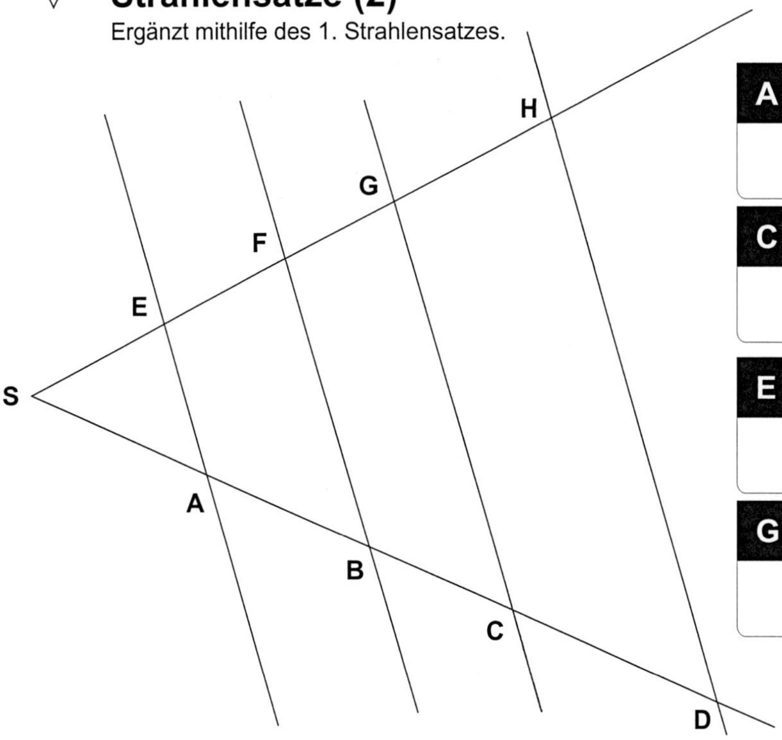

A $\frac{\overline{SE}}{\overline{SG}} = \frac{\overline{\quad}}{\overline{\quad}}$

B $\frac{\overline{BC}}{\overline{SB}} = \frac{\overline{\quad}}{\overline{\quad}}$

C $\frac{\overline{SB}}{\overline{AC}} = \frac{\overline{\quad}}{\overline{\quad}}$

D $\frac{\overline{SG}}{\overline{EG}} = \frac{\overline{\quad}}{\overline{\quad}}$

E $\frac{\overline{SD}}{\overline{\quad}} = \frac{\overline{\quad}}{\overline{SF}}$

F $\frac{\overline{\quad}}{\overline{SH}} = \frac{\overline{SC}}{\overline{\quad}}$

G $\frac{\overline{SA}}{\overline{\quad}} = \frac{\overline{\quad}}{\overline{SH}}$

H $\frac{\overline{\quad}}{\overline{SB}} = \frac{\overline{FG}}{\overline{\quad}}$

Station

Strahlensätze (1)

Berechnet jeweils die Länge der Strecke x.

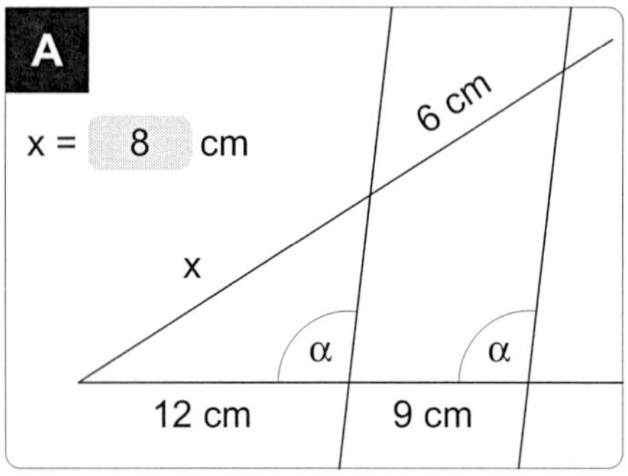

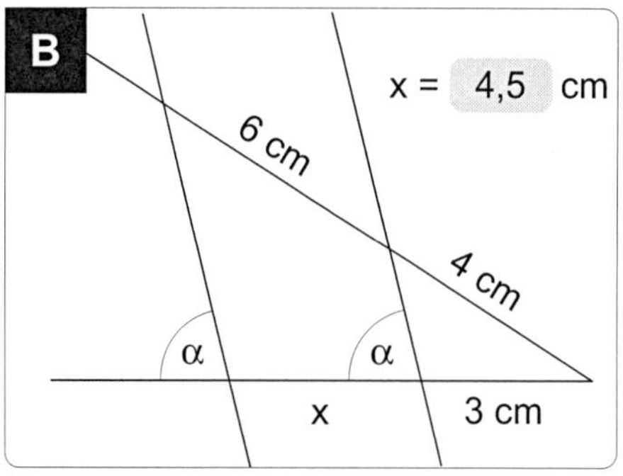

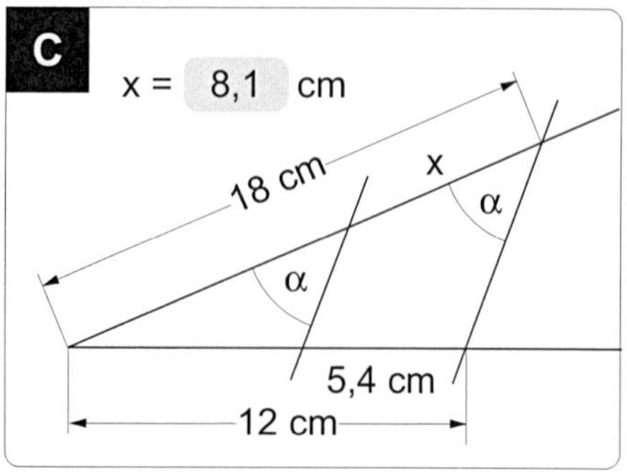

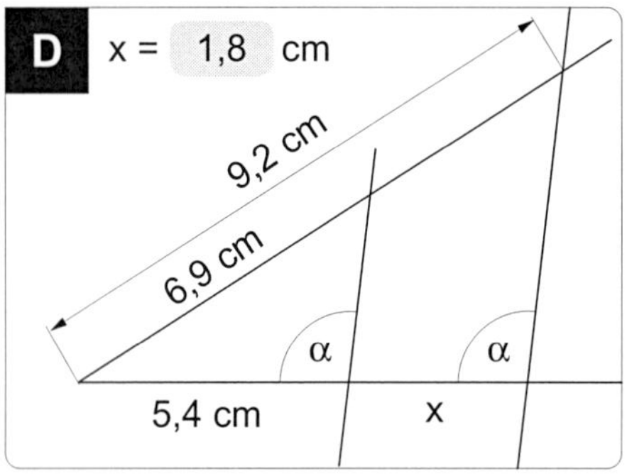

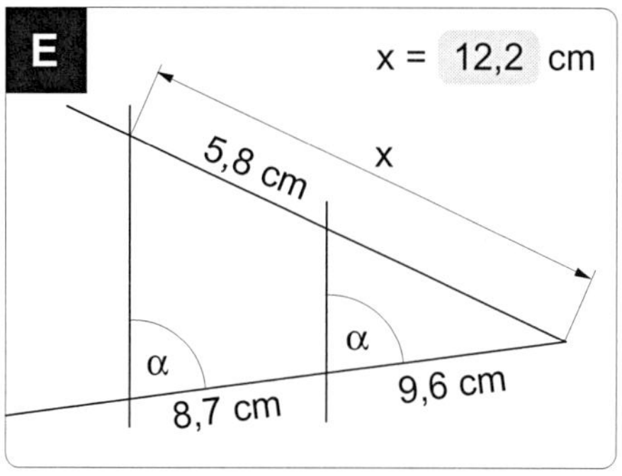

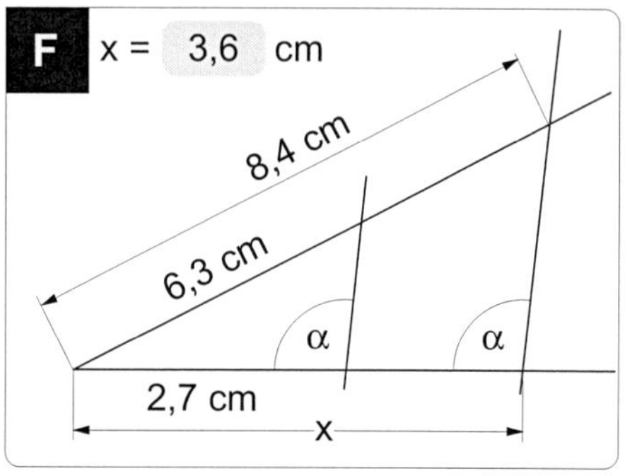

A x = 8 cm

B x = 4,5 cm

C x = 8,1 cm

D x = 1,8 cm

E x = 12,2 cm

F x = 3,6 cm

Stationenlernen Mathematik / 9. Schuljahr – Bestell-Nr. 11 839

Station

Strahlensätze (2)

Ergänzt mithilfe des 1. Strahlensatzes.

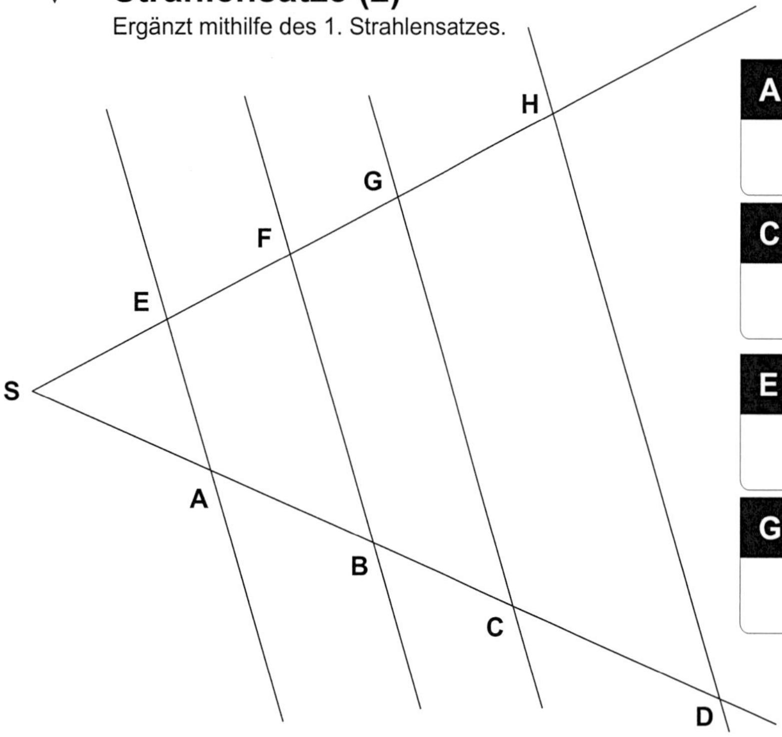

A $\frac{\overline{SE}}{\overline{SG}} = \frac{\overline{SA}}{\overline{SC}}$

B $\frac{\overline{BC}}{\overline{SB}} = \frac{\overline{FG}}{\overline{SF}}$

C $\frac{\overline{SB}}{\overline{AC}} = \frac{\overline{SF}}{\overline{EG}}$

D $\frac{\overline{SG}}{\overline{EG}} = \frac{\overline{SC}}{\overline{AC}}$

E $\frac{\overline{SD}}{\overline{SB}} = \frac{\overline{SH}}{\overline{SF}}$

F $\frac{\overline{SG}}{\overline{SH}} = \frac{\overline{SC}}{\overline{SD}}$

G $\frac{\overline{SA}}{\overline{SD}} = \frac{\overline{SE}}{\overline{SH}}$

H $\frac{\overline{BC}}{\overline{SB}} = \frac{\overline{FG}}{\overline{SF}}$

Stationenlernen Mathematik / 9. Schuljahr – Bestell-Nr. 11 839

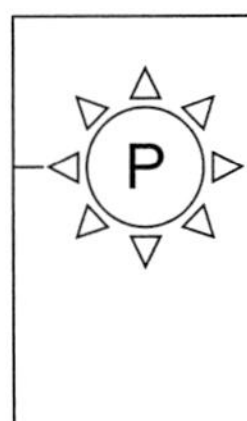

Station

 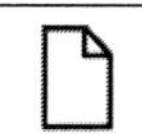

Strahlensätze (3)

Berechnet die fehlenden Streckenlängen (Maße in cm).

	a_1	a_2	b_1	b_2	c_1	c_2
A	6,8	10,2	12		16	
B		14	12	15		8
C	6		10	14		21
D	7,5	9		18	16	
E	9			15	12	16
F		14	26		9,6	16,8
G	4,5	6,75		2		7,5
H	3		2,4	8		5

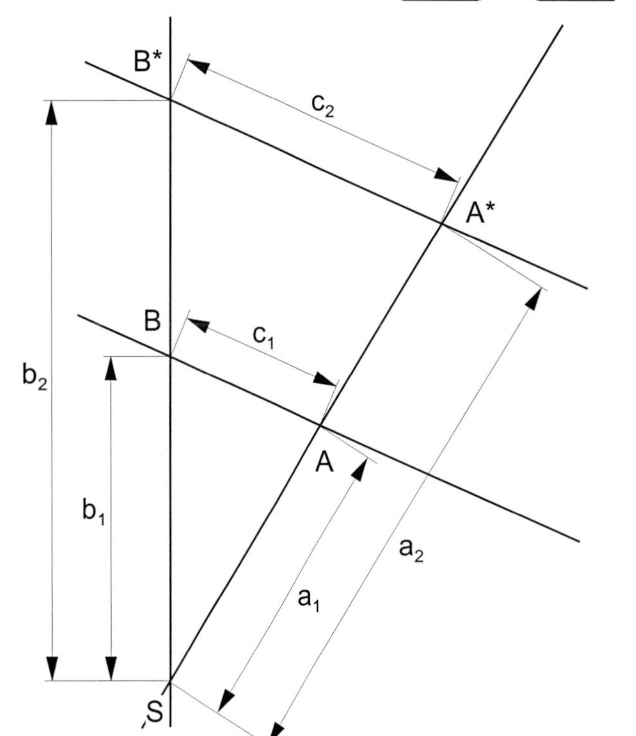

Stationenlernen Mathematik / 9. Schuljahr – Bestell-Nr. 11 839

Station

Potenzen

Die Potenz a^n ist ein Produkt aus n gleichen Faktoren a.

Beispiele: $3^4 = 3 \cdot 3 \cdot 3 \cdot 3 = 81$ $\quad (-2)^3 = (-2) \cdot (-2) \cdot (-2) = -8$ $\quad (-6)^1 = -6$

Bezeichnungen: Basis — $\mathbf{5^3 = 125}$ — Potenzwert (Exponent: 3)

A Schreibe kürzer als Potenz.

- $3 \cdot 3 \cdot 3 \cdot 3 \cdot 3 \cdot 3 \cdot 3 \cdot 3$
- $5 \cdot 5 \cdot 5$
- $10 \cdot 10 \cdot 10 \cdot 10 \cdot 10$
- $(-3) \cdot (-3)$
- $6 \cdot 6 \cdot 6 \cdot 6 \cdot 6 \cdot 6$
- $0{,}5 \cdot 0{,}5 \cdot 0{,}5 \cdot 0{,}5$
- $\frac{1}{3} \cdot \frac{1}{3} \cdot \frac{1}{3} \cdot \frac{1}{3} \cdot \frac{1}{3} \cdot \frac{1}{3} \cdot \frac{1}{3}$
- $(-0{,}2) \cdot (-0{,}2) \cdot (-0{,}2)$

B Gib den Potenzwert an.

- $(-1)^5$
- $(-2)^4$
- 10^5
- $(-3)^3$
- $(-5)^4$
- $(-0{,}5)^3$
- $(\frac{1}{2})^2$
- $(-0{,}01)^2$

C Was musst du einsetzen?

- $4^{□} = 64$
- $□^4 = 81$
- $□^5 = -32$
- $□^4 = 625$
- $□^5 = -1$
- $3^{□} = 243$

D Schreibe als Potenz. Es gibt mehrere Möglichkeiten.

- 625
- $\frac{1}{16}$
- 81
- 256
- 10000
- $\frac{16}{625}$

Station

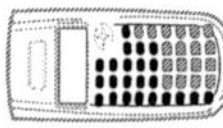

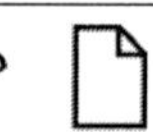

Strahlensätze (3)

Berechnet die fehlenden Streckenlängen (Maße in cm).

	a_1	a_2	b_1	b_2	c_1	c_2
A	6,8	10,2	12	18	16	24
B	11,2	14	12	15	6,4	8
C	6	8,4	10	14	15	21
D	7,5	9	15	18	16	19,2
E	9	12	11,25	15	12	16
F	8	14	26	45,5	9,6	16,8
G	4,5	6,75	$1\frac{1}{3}$	2	5	7,5
H	3	10	2,4	8	1,5	5

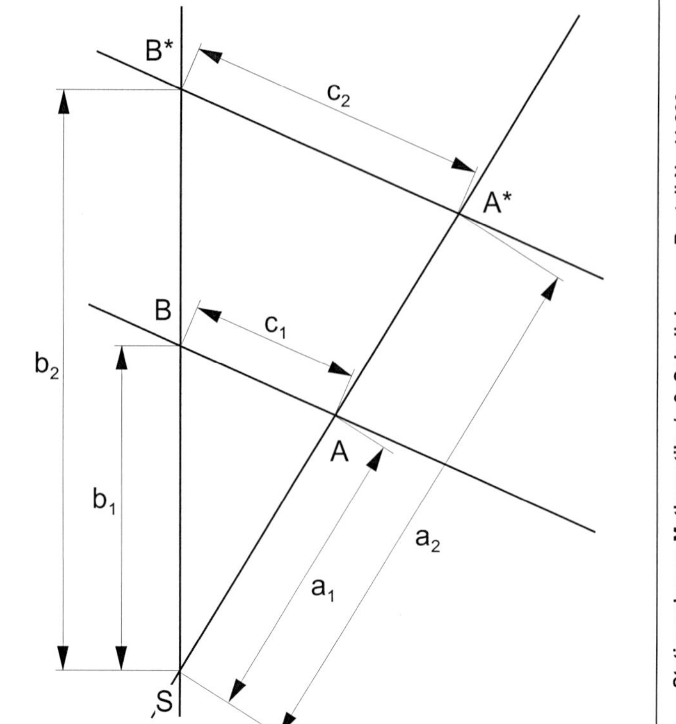

Station

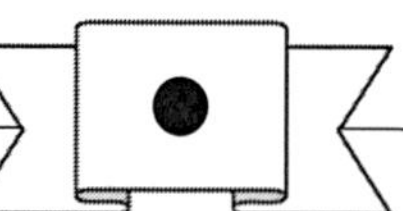

Potenzen

Die Potenz a^n ist ein Produkt aus n gleichen Faktoren a.

Beispiele: $3^4 = 3 \cdot 3 \cdot 3 \cdot 3 = 81$ $\quad (-2)^3 = (-2) \cdot (-2) \cdot (-2) = -8$ $\quad (-6)^1 = -6$

Bezeichnungen: Basis — Exponent — $\mathbf{5^3 = 125}$ — Potenzwert

A Schreibe kürzer als Potenz.

$3 \cdot 3 \cdot 3 \cdot 3 \cdot 3 \cdot 3 \cdot 3 \cdot 3$	3^8
$5 \cdot 5 \cdot 5$	5^3
$10 \cdot 10 \cdot 10 \cdot 10 \cdot 10$	10^5
$(-3) \cdot (-3)$	$(-3)^2$
$6 \cdot 6 \cdot 6 \cdot 6 \cdot 6 \cdot 6$	6^6
$0{,}5 \cdot 0{,}5 \cdot 0{,}5 \cdot 0{,}5$	$0{,}5^4$
$\frac{1}{3} \cdot \frac{1}{3} \cdot \frac{1}{3} \cdot \frac{1}{3} \cdot \frac{1}{3} \cdot \frac{1}{3} \cdot \frac{1}{3}$	$(\frac{1}{3})^7$
$(-0{,}2) \cdot (-0{,}2) \cdot (-0{,}2)$	$(-0{,}2)^3$

B Gib den Potenzwert an.

$(-1)^5$	-1
$(-2)^4$	16
10^5	100000
$(-3)^3$	-27
$(-5)^4$	625
$(-0{,}5)^3$	$-0{,}125$
$(\frac{1}{2})^2$	$\frac{1}{4}$
$(-0{,}01)^2$	0,0001

C Was musst du einsetzen?

$4^{\square} = 64$	3	$\square^4 = 81$	3
$\square^5 = -32$	-2	$\square^4 = 625$	5
$\square^5 = -1$	-1	$3^{\square} = 243$	5

D Schreibe als Potenz. Es gibt mehrere Möglichkeiten.

625	25^2	5^4	$\frac{1}{16}$	$(\frac{1}{2})^4$	$(\frac{1}{4})^2$	
81	9^2	3^4	256	2^8	16^2	4^4
10000	100^2	10^4	$\frac{16}{625}$	$(\frac{4}{25})^2$	$(\frac{2}{5})^4$	

Stationenlernen Mathematik / 9. Schuljahr – Bestell-Nr. 11 839

Station

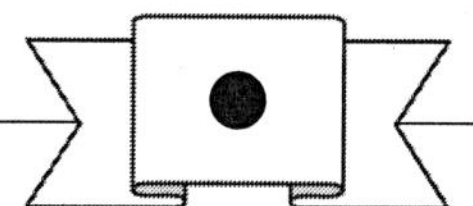

Potenzen mit gleicher Basis

Man multipliziert Potenzen mit gleicher Basis, indem man die Exponenten addiert und die gemeinsame Basis beibehält: $a^m \cdot a^n = a^{m+n}$ (m und n sind natürliche Zahlen)

Beispiel: $2^3 \cdot 2^4 = \underbrace{2 \cdot 2 \cdot 2}_{\text{3 Faktoren}} \cdot \underbrace{2 \cdot 2 \cdot 2 \cdot 2}_{\text{4 Faktoren}} = 2^{3+4} = 2^7$ (Basis: 2, Exponent: 3)

Man dividiert Potenzen mit gleicher Basis, indem man die Exponenten subtrahiert und die gemeinsame Basis beibehält: $\frac{a^m}{a^n} = a^{m-n}$ (m und n sind natürliche Zahlen, m > n)

Beispiel: $2^9 : 2^6 = \frac{2^9}{2^6} = \frac{2 \cdot 2 \cdot 2 \cdot 2 \cdot 2 \cdot 2 \cdot 2 \cdot 2 \cdot 2}{2 \cdot 2 \cdot 2 \cdot 2 \cdot 2 \cdot 2} = 2^{9-6} = 2^3$

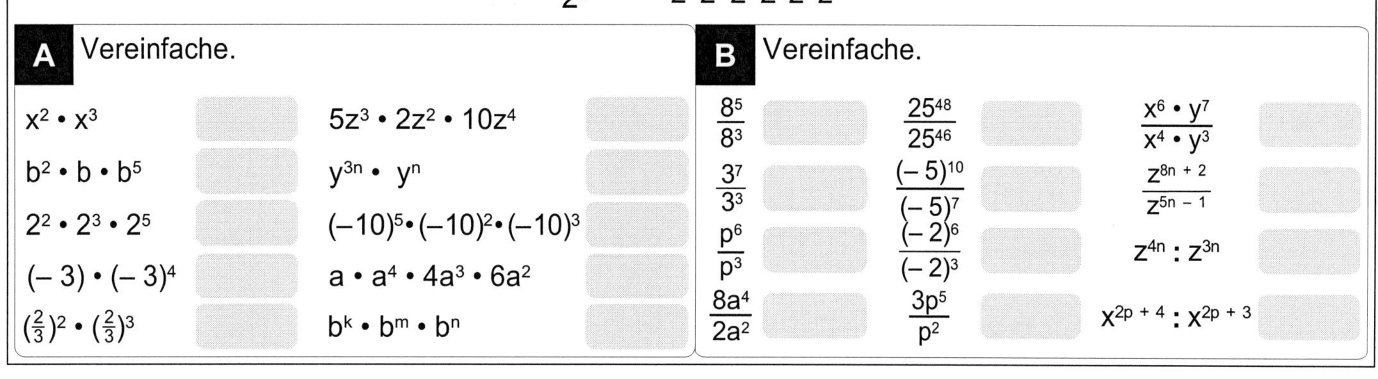

A Vereinfache.

$x^2 \cdot x^3$		$5z^3 \cdot 2z^2 \cdot 10z^4$	
$b^2 \cdot b \cdot b^5$		$y^{3n} \cdot y^n$	
$2^2 \cdot 2^3 \cdot 2^5$		$(-10)^5 \cdot (-10)^2 \cdot (-10)^3$	
$(-3) \cdot (-3)^4$		$a \cdot a^4 \cdot 4a^3 \cdot 6a^2$	
$(\frac{2}{3})^2 \cdot (\frac{2}{3})^3$		$b^k \cdot b^m \cdot b^n$	

B Vereinfache.

$\frac{8^5}{8^3}$		$\frac{25^{48}}{25^{46}}$		$\frac{x^6 \cdot y^7}{x^4 \cdot y^3}$	
$\frac{3^7}{3^3}$		$\frac{(-5)^{10}}{(-5)^7}$		$\frac{z^{8n+2}}{z^{5n-1}}$	
$\frac{p^6}{p^3}$		$\frac{(-2)^6}{(-2)^3}$		$z^{4n} : z^{3n}$	
$\frac{8a^4}{2a^2}$		$\frac{3p^5}{p^2}$		$x^{2p+4} : x^{2p+3}$	

Stationenlernen Mathematik / 9. Schuljahr – Bestell-Nr. 11 839

Station

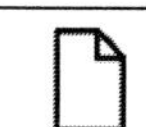

Potenzen mit gleichem Exponenten

Potenzen mit gleichem Exponenten werden multipliziert, indem man ihre Basen multipliziert und den Exponenten beibehält: $a^m \cdot b^m = (a \cdot b)^m$.

Potenzen mit gleichem Exponenten werden dividiert, indem man ihre Basen dividiert und den Exponenten beibehält: $\frac{a^m}{b^m} = \left(\frac{a}{b}\right)^m$ $(b \neq 0)$

Beispiele: $2{,}5^3 \cdot 4^3 = (2{,}5 \cdot 4)^3 = 10^3$ $56^2 : 7^2 = (56 : 7)^2 = 8^2$

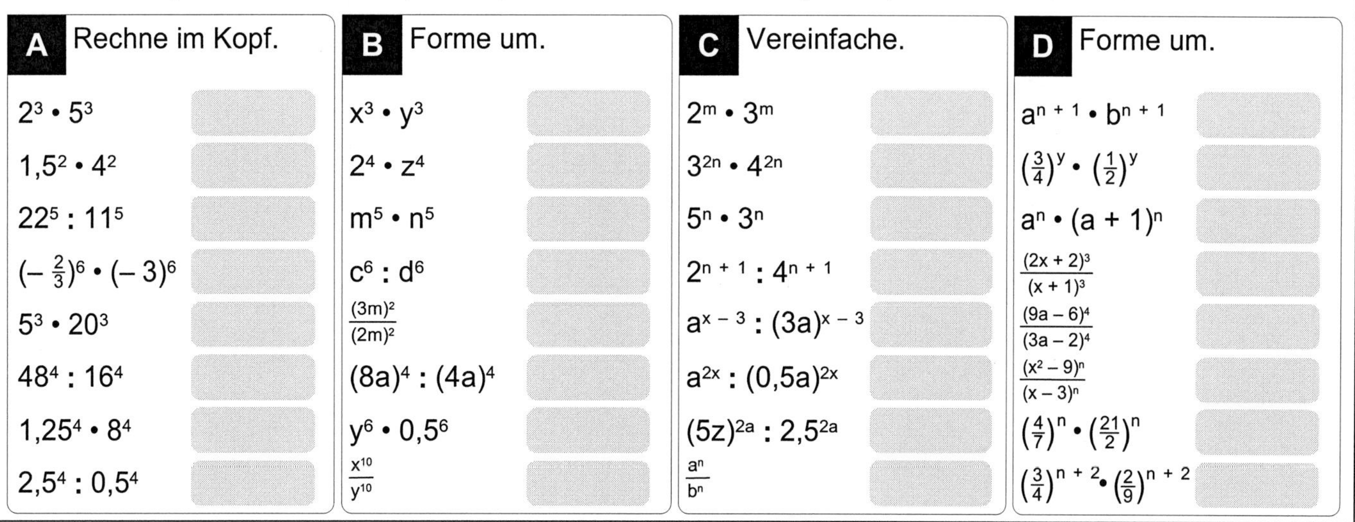

A Rechne im Kopf.		**B** Forme um.		**C** Vereinfache.		**D** Forme um.	
$2^3 \cdot 5^3$		$x^3 \cdot y^3$		$2^m \cdot 3^m$		$a^{n+1} \cdot b^{n+1}$	
$1{,}5^2 \cdot 4^2$		$2^4 \cdot z^4$		$3^{2n} \cdot 4^{2n}$		$(\frac{3}{4})^y \cdot (\frac{1}{2})^y$	
$22^5 : 11^5$		$m^5 \cdot n^5$		$5^n \cdot 3^n$		$a^n \cdot (a+1)^n$	
$(-\frac{2}{3})^6 \cdot (-3)^6$		$c^6 : d^6$		$2^{n+1} : 4^{n+1}$		$\frac{(2x+2)^3}{(x+1)^3}$	
$5^3 \cdot 20^3$		$\frac{(3m)^2}{(2m)^2}$		$a^{x-3} : (3a)^{x-3}$		$\frac{(9a-6)^4}{(3a-2)^4}$	
$48^4 : 16^4$		$(8a)^4 : (4a)^4$		$a^{2x} : (0{,}5a)^{2x}$		$\frac{(x^2-9)^n}{(x-3)^n}$	
$1{,}25^4 \cdot 8^4$		$y^6 \cdot 0{,}5^6$		$(5z)^{2a} : 2{,}5^{2a}$		$(\frac{4}{7})^n \cdot (\frac{21}{2})^n$	
$2{,}5^4 : 0{,}5^4$		$\frac{x^{10}}{y^{10}}$		$\frac{a^n}{b^n}$		$(\frac{3}{4})^{n+2} \cdot (\frac{2}{9})^{n+2}$	

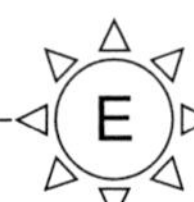

Station

  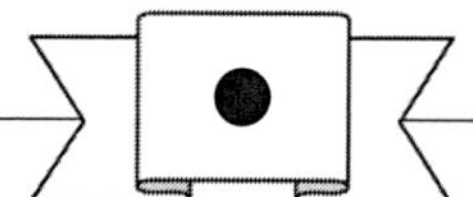

Potenzen mit gleicher Basis

Man multipliziert Potenzen mit gleicher Basis, indem man die Exponenten addiert und die gemeinsame Basis beibehält: $a^m \cdot a^n = a^{m+n}$ (m und n sind natürliche Zahlen)

Beispiel: $2^3 \cdot 2^4 = \underbrace{2 \cdot 2 \cdot 2}_{\text{3 Faktoren}} \cdot \underbrace{2 \cdot 2 \cdot 2 \cdot 2}_{\text{4 Faktoren}} = 2^{3+4} = 2^7$ (Basis: 2, Exponent: 3)

Man dividiert Potenzen mit gleicher Basis, indem man die Exponenten subtrahiert und die gemeinsame Basis beibehält: $\frac{a^m}{a^n} = a^{m-n}$ (m und n sind natürliche Zahlen, m > n)

Beispiel: $2^9 : 2^6 = \frac{2^9}{2^6} = \frac{2 \cdot 2 \cdot 2 \cdot 2 \cdot 2 \cdot 2 \cdot 2 \cdot 2 \cdot 2}{2 \cdot 2 \cdot 2 \cdot 2 \cdot 2 \cdot 2} = 2^{9-6} = 2^3$

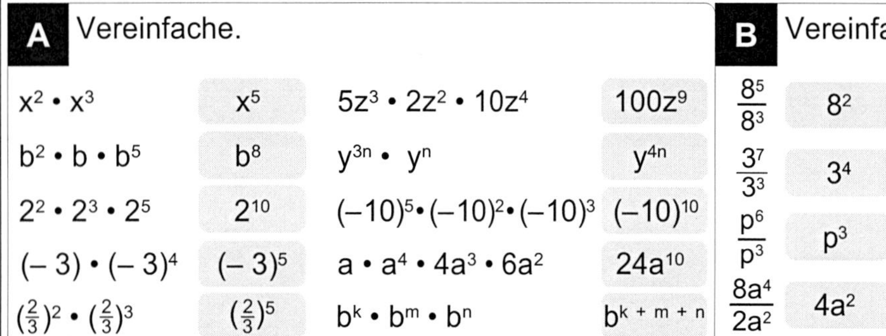

A Vereinfache.

$x^2 \cdot x^3$	x^5	$5z^3 \cdot 2z^2 \cdot 10z^4$	$100z^9$
$b^2 \cdot b \cdot b^5$	b^8	$y^{3n} \cdot y^n$	y^{4n}
$2^2 \cdot 2^3 \cdot 2^5$	2^{10}	$(-10)^5 \cdot (-10)^2 \cdot (-10)^3$	$(-10)^{10}$
$(-3) \cdot (-3)^4$	$(-3)^5$	$a \cdot a^4 \cdot 4a^3 \cdot 6a^2$	$24a^{10}$
$(\frac{2}{3})^2 \cdot (\frac{2}{3})^3$	$(\frac{2}{3})^5$	$b^k \cdot b^m \cdot b^n$	b^{k+m+n}

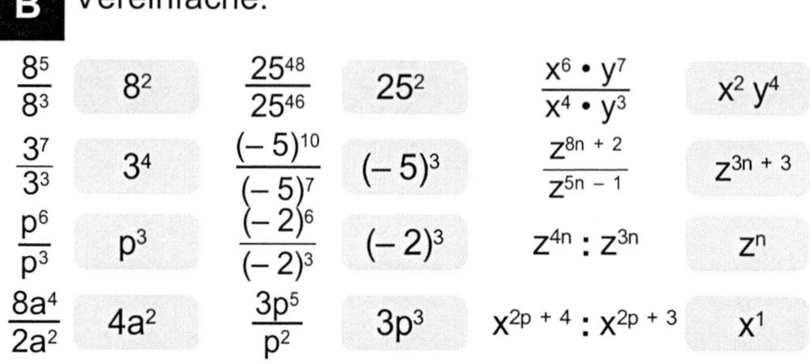

B Vereinfache.

$\frac{8^5}{8^3}$	8^2	$\frac{25^{48}}{25^{46}}$	25^2	$\frac{x^6 \cdot y^7}{x^4 \cdot y^3}$	$x^2 y^4$
$\frac{3^7}{3^3}$	3^4	$\frac{(-5)^{10}}{(-5)^7}$	$(-5)^3$	$\frac{z^{8n+2}}{z^{5n-1}}$	z^{3n+3}
$\frac{p^6}{p^3}$	p^3	$\frac{(-2)^6}{(-2)^3}$	$(-2)^3$	$z^{4n} : z^{3n}$	z^n
$\frac{8a^4}{2a^2}$	$4a^2$	$\frac{3p^5}{p^2}$	$3p^3$	$x^{2p+4} : x^{2p+3}$	x^1

Stationenlernen Mathematik / 9. Schuljahr – Bestell-Nr. 11 839

Station

Potenzen mit gleichem Exponenten

Potenzen mit gleichem Exponenten werden multipliziert, indem man ihre Basen multipliziert und den Exponenten beibehält: $a^m \cdot b^m = (a \cdot b)^m$.

Potenzen mit gleichem Exponenten werden dividiert, indem man ihre Basen dividiert und den Exponenten beibehält: $\frac{a^m}{b^m} = \left(\frac{a}{b}\right)^m$ $(b \neq 0)$

Beispiele: $2{,}5^3 \cdot 4^3 = (2{,}5 \cdot 4)^3 = 10^3$ $\quad 56^2 : 7^2 = (56 : 7)^2 = 8^2$

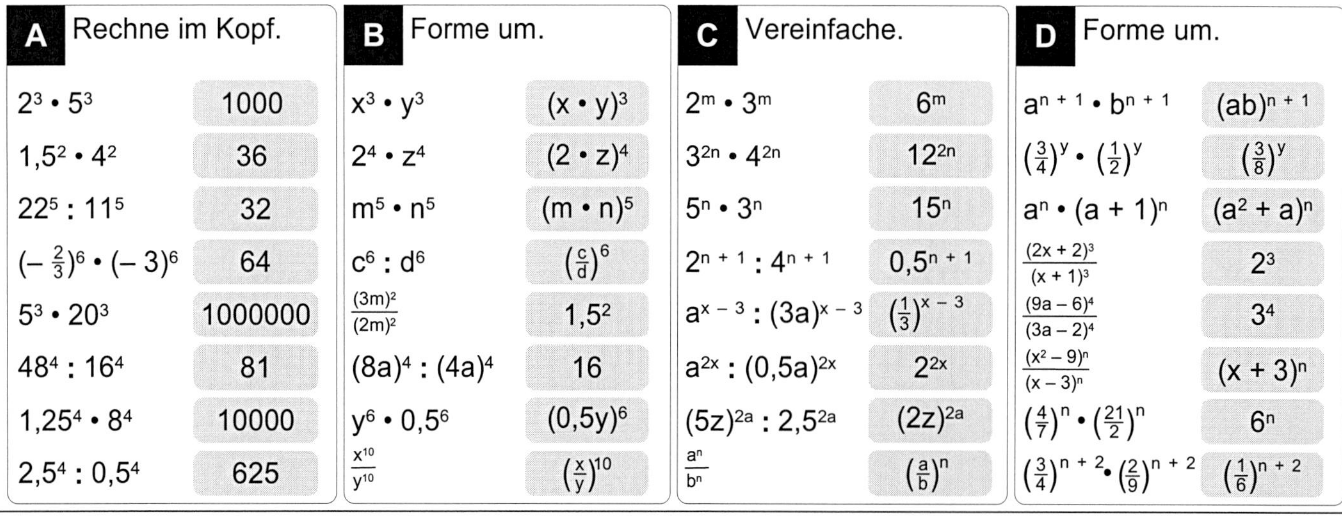

A Rechne im Kopf.

$2^3 \cdot 5^3$	1000
$1{,}5^2 \cdot 4^2$	36
$22^5 : 11^5$	32
$(-\frac{2}{3})^6 \cdot (-3)^6$	64
$5^3 \cdot 20^3$	1000000
$48^4 : 16^4$	81
$1{,}25^4 \cdot 8^4$	10000
$2{,}5^4 : 0{,}5^4$	625

B Forme um.

$x^3 \cdot y^3$	$(x \cdot y)^3$
$2^4 \cdot z^4$	$(2 \cdot z)^4$
$m^5 \cdot n^5$	$(m \cdot n)^5$
$c^6 : d^6$	$(\frac{c}{d})^6$
$\frac{(3m)^2}{(2m)^2}$	$1{,}5^2$
$(8a)^4 : (4a)^4$	16
$y^6 \cdot 0{,}5^6$	$(0{,}5y)^6$
$\frac{x^{10}}{y^{10}}$	$(\frac{x}{y})^{10}$

C Vereinfache.

$2^m \cdot 3^m$	6^m
$3^{2n} \cdot 4^{2n}$	12^{2n}
$5^n \cdot 3^n$	15^n
$2^{n+1} : 4^{n+1}$	$0{,}5^{n+1}$
$a^{x-3} : (3a)^{x-3}$	$(\frac{1}{3})^{x-3}$
$a^{2x} : (0{,}5a)^{2x}$	2^{2x}
$(5z)^{2a} : 2{,}5^{2a}$	$(2z)^{2a}$
$\frac{a^n}{b^n}$	$(\frac{a}{b})^n$

D Forme um.

$a^{n+1} \cdot b^{n+1}$	$(ab)^{n+1}$
$(\frac{3}{4})^y \cdot (\frac{1}{2})^y$	$(\frac{3}{8})^y$
$a^n \cdot (a+1)^n$	$(a^2 + a)^n$
$\frac{(2x+2)^3}{(x+1)^3}$	2^3
$\frac{(9a-6)^4}{(3a-2)^4}$	3^4
$\frac{(x^2-9)^n}{(x-3)^n}$	$(x+3)^n$
$(\frac{4}{7})^n \cdot (\frac{21}{2})^n$	6^n
$(\frac{3}{4})^{n+2} \cdot (\frac{2}{9})^{n+2}$	$(\frac{1}{6})^{n+2}$

Stationenlernen Mathematik / 9. Schuljahr – Bestell-Nr. 11 839

Station

Potenzieren von Potenzen

Potenzen werden potenziert, indem man ihre Exponenten multipliziert und die Basis beibehält:
$(a^m)^n = a^{m \cdot n} = a^{mn}$

Beispiel: $(2^3)^2 = (2 \cdot 2 \cdot 2) \cdot (2 \cdot 2 \cdot 2) = 2^6$

A Forme um und berechne.

$(2^2)^3$		
$(2^2)^2$		
$(2^3)^3$		
$(3^2)^2$		
$(3^2)^3$		
$(5^2)^3$		
$(4^2)^2$		
$(1^2)^{23}$		
$(5^2)^2$		

B Schreibe als Potenz mit der kleinstmöglichen Basis.

Beispiel: 16^5 | $(2^4)^5$ | 2^{20}

32^5			81^3			125^2		
27^2			25^3			36^4		
49^4			64^5			121^6		

C Schreibe ohne Klammern.

$(2x^2)^{x+1}$		$\left(\frac{x^2}{y^3}\right)^4$	
$(2^{x+2})^{x-2}$		$\left(\frac{a^2b}{c}\right)^3$	
$(2^{x+1})^{x-1}$		$\left(\frac{x^2 \cdot y^3}{z^5}\right)^3$	
$(2^{2x-2})^{x+1}$		$\left(\frac{2x^2}{3yc}\right)^3$	

Station

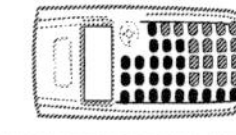

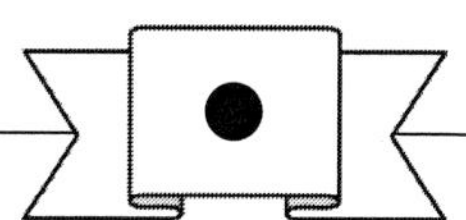

Quadratwurzeln

Die Quadratwurzel einer positiven Zahl b ist die positive Zahl a, die mit sich selbst multipliziert die Zahl b ergibt.

Man schreibt wie folgt: $a = \sqrt{b}$ und sagt „a ist die Quadratwurzel aus b."

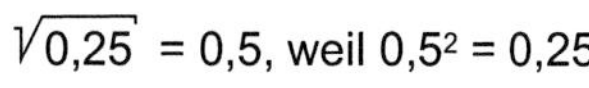

Beispiele: $\sqrt{36} = 6$, weil $6^2 = 36$ $\sqrt{\frac{1}{4}} = \frac{1}{2}$, weil $(\frac{1}{2})^2 = \frac{1}{4}$ $\sqrt{0{,}25} = 0{,}5$, weil $0{,}5^2 = 0{,}25$

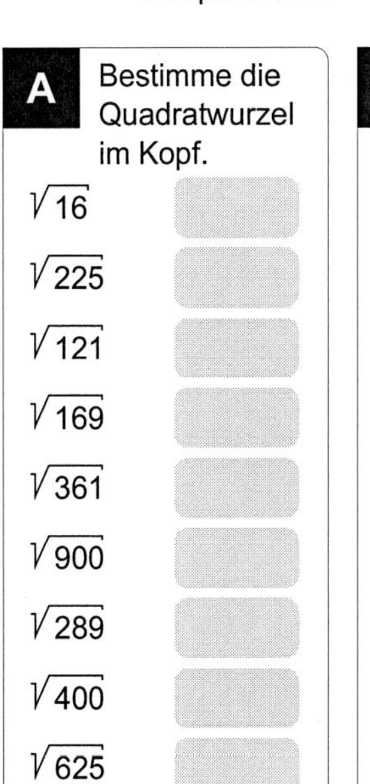

A Bestimme die Quadratwurzel im Kopf.

$\sqrt{16}$, $\sqrt{225}$, $\sqrt{121}$, $\sqrt{169}$, $\sqrt{361}$, $\sqrt{900}$, $\sqrt{289}$, $\sqrt{400}$, $\sqrt{625}$

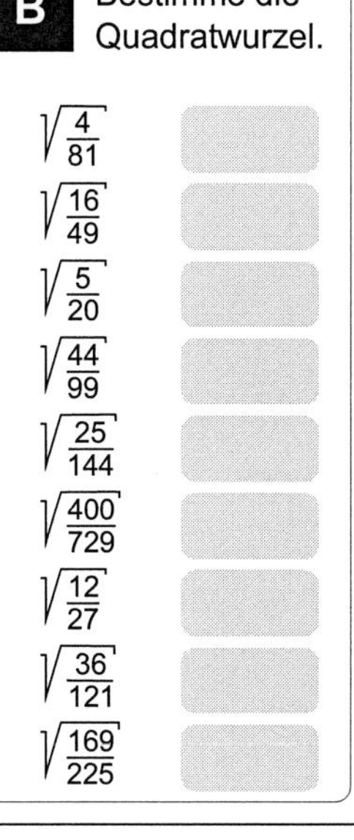

B Bestimme die Quadratwurzel.

$\sqrt{\frac{4}{81}}$, $\sqrt{\frac{16}{49}}$, $\sqrt{\frac{5}{20}}$, $\sqrt{\frac{44}{99}}$, $\sqrt{\frac{25}{144}}$, $\sqrt{\frac{400}{729}}$, $\sqrt{\frac{12}{27}}$, $\sqrt{\frac{36}{121}}$, $\sqrt{\frac{169}{225}}$

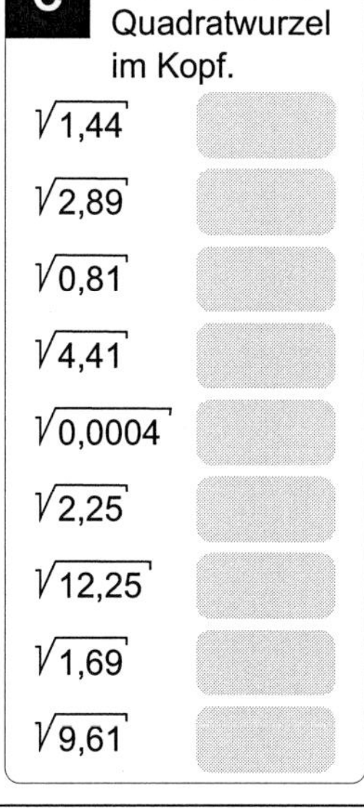

C Bestimme die Quadratwurzel im Kopf.

$\sqrt{1{,}44}$, $\sqrt{2{,}89}$, $\sqrt{0{,}81}$, $\sqrt{4{,}41}$, $\sqrt{0{,}0004}$, $\sqrt{2{,}25}$, $\sqrt{12{,}25}$, $\sqrt{1{,}69}$, $\sqrt{9{,}61}$

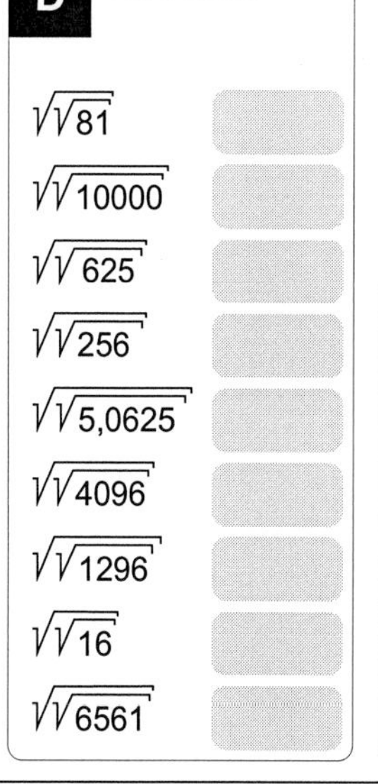

D Berechne.

$\sqrt{\sqrt{81}}$, $\sqrt{\sqrt{10000}}$, $\sqrt{\sqrt{625}}$, $\sqrt{\sqrt{256}}$, $\sqrt{\sqrt{5{,}0625}}$, $\sqrt{\sqrt{4096}}$, $\sqrt{\sqrt{1296}}$, $\sqrt{\sqrt{16}}$, $\sqrt{\sqrt{6561}}$

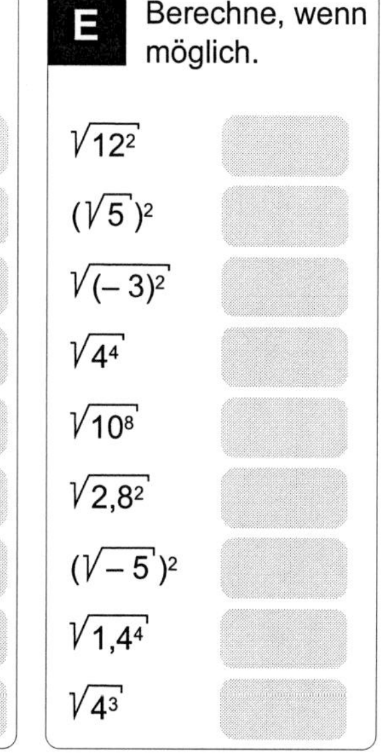

E Berechne, wenn möglich.

$\sqrt{12^2}$, $(\sqrt{5})^2$, $\sqrt{(-3)^2}$, $\sqrt{4^4}$, $\sqrt{10^8}$, $\sqrt{2{,}8^2}$, $(\sqrt{-5})^2$, $\sqrt{1{,}4^4}$, $\sqrt{4^3}$

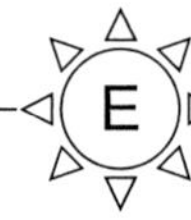

Station

Potenzieren von Potenzen

Potenzen werden potenziert, indem man ihre Exponenten multipliziert und die Basis beibehält:
$(a^m)^n = a^{m \cdot n} = a^{mn}$

Beispiel: $(2^3)^2 = (2 \cdot 2 \cdot 2) \cdot (2 \cdot 2 \cdot 2) = 2^6$

A Forme um und berechne.

$(2^2)^3$	2^6	64
$(2^2)^2$	2^4	16
$(2^3)^3$	2^9	512
$(3^2)^2$	3^4	81
$(3^2)^3$	3^6	729
$(5^2)^3$	5^6	15625
$(4^2)^2$	4^4	256
$(1^2)^{23}$	1^{46}	1
$(5^2)^2$	5^4	625

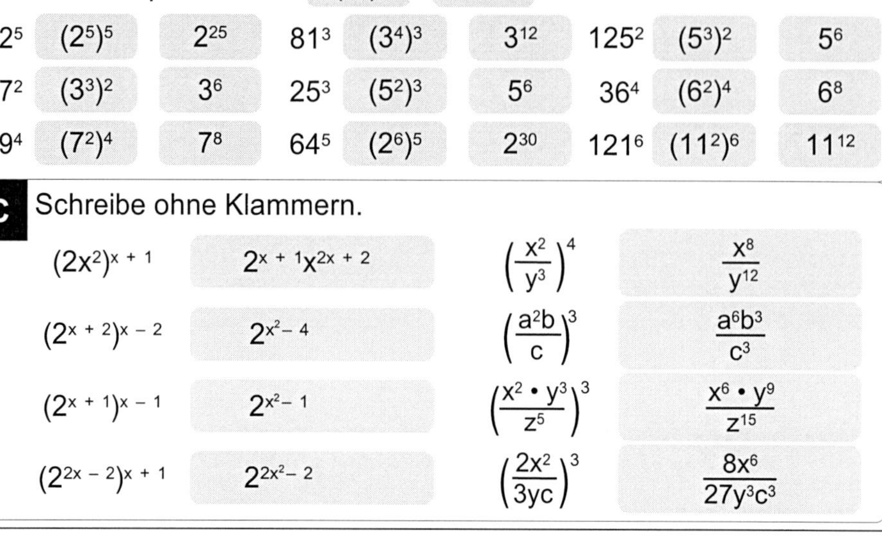

B Schreibe als Potenz mit der kleinstmöglichen Basis.

Beispiel: 16^5 $(2^4)^5$ 2^{20}

32^5	$(2^5)^5$	2^{25}	81^3	$(3^4)^3$	3^{12}	125^2	$(5^3)^2$	5^6
27^2	$(3^3)^2$	3^6	25^3	$(5^2)^3$	5^6	36^4	$(6^2)^4$	6^8
49^4	$(7^2)^4$	7^8	64^5	$(2^6)^5$	2^{30}	121^6	$(11^2)^6$	11^{12}

C Schreibe ohne Klammern.

$(2x^2)^{x+1}$	$2^{x+1}x^{2x+2}$	$\left(\frac{x^2}{y^3}\right)^4$	$\frac{x^8}{y^{12}}$
$(2^{x+2})^{x-2}$	2^{x^2-4}	$\left(\frac{a^2b}{c}\right)^3$	$\frac{a^6b^3}{c^3}$
$(2^{x+1})^{x-1}$	2^{x^2-1}	$\left(\frac{x^2 \cdot y^3}{z^5}\right)^3$	$\frac{x^6 \cdot y^9}{z^{15}}$
$(2^{2x-2})^{x+1}$	2^{2x^2-2}	$\left(\frac{2x^2}{3yc}\right)^3$	$\frac{8x^6}{27y^3c^3}$

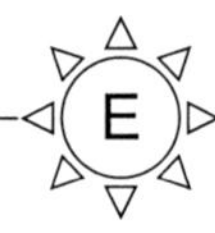

Station

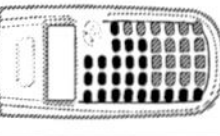  

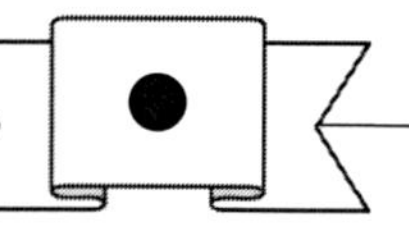

Quadratwurzeln

Die Quadratwurzel einer positiven Zahl b ist die positive Zahl a, die mit sich selbst multipliziert die Zahl b ergibt.

Man schreibt wie folgt: $a = \sqrt{b}$ und sagt „a ist die Quadratwurzel aus b."

Beispiele: $\sqrt{36} = 6$, weil $6^2 = 36$ $\sqrt{\frac{1}{4}} = \frac{1}{2}$, weil $(\frac{1}{2})^2 = \frac{1}{4}$ $\sqrt{0,25} = 0,5$, weil $0,5^2 = 0,25$

A Bestimme die Quadratwurzel im Kopf.

$\sqrt{16}$	4
$\sqrt{225}$	15
$\sqrt{121}$	11
$\sqrt{169}$	13
$\sqrt{361}$	19
$\sqrt{900}$	30
$\sqrt{289}$	17
$\sqrt{400}$	20
$\sqrt{625}$	25

B Bestimme die Quadratwurzel.

$\sqrt{\frac{4}{81}}$	$\frac{2}{9}$
$\sqrt{\frac{16}{49}}$	$\frac{4}{7}$
$\sqrt{\frac{5}{20}}$	$\frac{1}{2}$
$\sqrt{\frac{44}{99}}$	$\frac{2}{3}$
$\sqrt{\frac{25}{144}}$	$\frac{5}{12}$
$\sqrt{\frac{400}{729}}$	$\frac{20}{27}$
$\sqrt{\frac{12}{27}}$	$\frac{2}{3}$
$\sqrt{\frac{36}{121}}$	$\frac{6}{11}$
$\sqrt{\frac{169}{225}}$	$\frac{13}{15}$

C Bestimme die Quadratwurzel im Kopf.

$\sqrt{1,44}$	1,2
$\sqrt{2,89}$	1,7
$\sqrt{0,81}$	0,9
$\sqrt{4,41}$	2,1
$\sqrt{0,0004}$	0,02
$\sqrt{2,25}$	1,5
$\sqrt{12,25}$	3,5
$\sqrt{1,69}$	1,3
$\sqrt{9,61}$	3,1

D Berechne.

$\sqrt{\sqrt{81}}$	3
$\sqrt{\sqrt{10000}}$	10
$\sqrt{\sqrt{625}}$	5
$\sqrt{\sqrt{256}}$	4
$\sqrt{\sqrt{5,0625}}$	1,5
$\sqrt{\sqrt{4096}}$	8
$\sqrt{\sqrt{1296}}$	6
$\sqrt{\sqrt{16}}$	2
$\sqrt{\sqrt{6561}}$	9

E Berechne, wenn möglich.

$\sqrt{12^2}$	12
$(\sqrt{5})^2$	5
$\sqrt{(-3)^2}$	3
$\sqrt{4^4}$	16
$\sqrt{10^8}$	10000
$\sqrt{2,8^2}$	2,8
$(\sqrt{-5})^2$	
$\sqrt{1,4^4}$	1,96
$\sqrt{4^3}$	8

Station

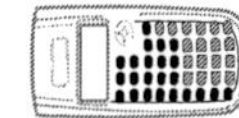  

Irrationale Zahlen

Quadratwurzeln wie $\sqrt{121}$ oder $\sqrt{25}$ lassen sich ganz einfach bestimmen. Quadratwurzeln wie $\sqrt{2}$ lassen sich nur abschätzen. Man versucht, die Zahl einzugrenzen, indem man sagt, dass das Ergebnis zunächst zwischen 1 und 2 liegen muss. Durch Probieren erzielt man dann eine immer größere Genauigkeit.

Nachkommastellenzahl	untere Näherungszahl	hoch 2 →	Probe	← hoch 2	obere Näherungszahl
0	1	1	<2<	4	2
1	1,4	1,96	<2<	2,25	1,5
2	1,41	1,9881	<2<	2,0146	1,42
3	1,414	1,999396	<2<	2,002225	1,415

Auf diese Art und Weise könnt ihr $\sqrt{2}$ immer mehr »einkesseln«. Wenn ihr aber meint, ihr würdet irgendwann einmal zum Ende kommen, dann irrt ihr euch gewaltig. Solche Dezimalbrüche haben unendlich viele Nachkommastellen und lassen sich nicht als Bruchzahl darstellen. Man nennt solche Zahlen deshalb **irrationale Zahlen**. Das Einkesseln bezeichnet man als **Intervallschachtelung**.

Merke: Rationale und irrationale Zahlen bezeichnet man als **reelle Zahlen**.

A Macht mit der Intervallschachtelung weiter.

Nachkommastellenzahl	untere Näherungszahl	hoch 2	Probe	hoch 2	obere Näherungszahl
4			<2<		
5			<2<		
6			<2<		

Stationenlernen Mathematik / 9. Schuljahr – Bestell-Nr. 11 839

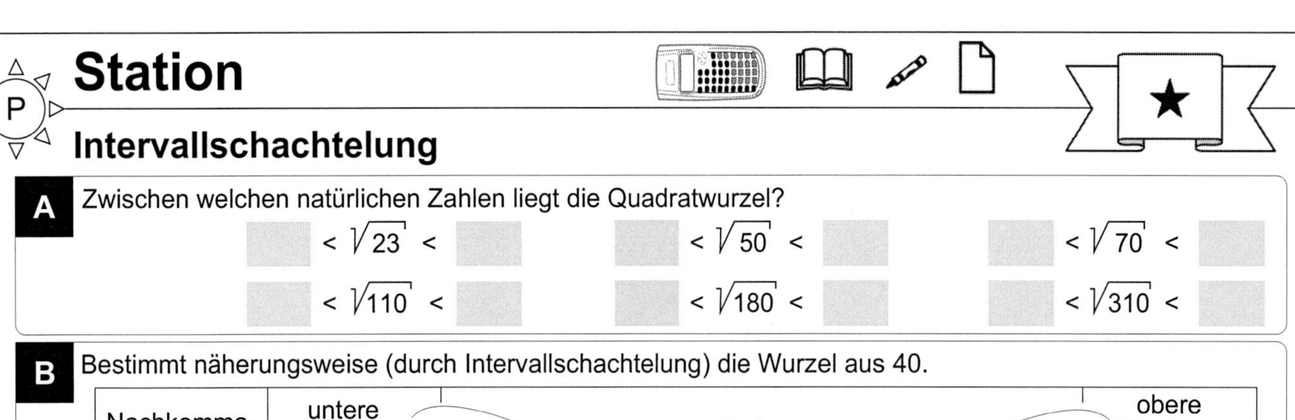

Station

Intervallschachtelung

A Zwischen welchen natürlichen Zahlen liegt die Quadratwurzel?

___ < $\sqrt{23}$ < ___ ___ < $\sqrt{50}$ < ___ ___ < $\sqrt{70}$ < ___

___ < $\sqrt{110}$ < ___ ___ < $\sqrt{180}$ < ___ ___ < $\sqrt{310}$ < ___

B Bestimmt näherungsweise (durch Intervallschachtelung) die Wurzel aus 40.

Nachkommastellenzahl	untere Näherungszahl	hoch 2 →	Probe	← hoch 2	obere Näherungszahl
0	6	36	<40<	49,0	7
1	6,3		<40<		6,4
2			<40<		
3			<40<		
4			<40<		
5			<40<		
6			<40<		
7			<40<		
8			<40<		

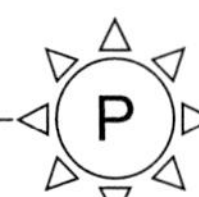

Station

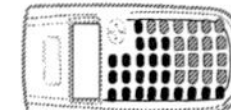   

Irrationale Zahlen

Quadratwurzeln wie $\sqrt{121}$ oder $\sqrt{25}$ lassen sich ganz einfach bestimmen. Quadratwurzeln wie $\sqrt{2}$ lassen sich nur abschätzen. Man versucht, die Zahl einzugrenzen, indem man sagt, dass das Ergebnis zunächst zwischen 1 und 2 liegen muss. Durch Probieren erzielt man dann eine immer größere Genauigkeit.

Nachkommastellenzahl	untere Näherungszahl	hoch 2	Probe	hoch 2	obere Näherungszahl
0	1	1	<2<	4	2
1	1,4	1,96	<2<	2,25	1,5
2	1,41	1,9881	<2<	2,0146	1,42
3	1,414	1,999396	<2<	2,002225	1,415

Auf diese Art und Weise könnt ihr $\sqrt{2}$ immer mehr »einkesseln«. Wenn ihr aber meint, ihr würdet irgendwann einmal zum Ende kommen, dann irrt ihr euch gewaltig. Solche Dezimalbrüche haben unendlich viele Nachkommastellen und lassen sich nicht als Bruchzahl darstellen. Man nennt solche Zahlen deshalb **irrationale Zahlen**. Das Einkesseln bezeichnet man als **Intervallschachtelung**.

Merke: Rationale und irrationale Zahlen bezeichnet man als **reelle Zahlen**.

A Macht mit der Intervallschachtelung weiter.

Nachkommastellenzahl	untere Näherungszahl	hoch 2	Probe	hoch 2	obere Näherungszahl
4	1,4142	1,99996164	<2<	2,00024449	1,4143
5	1,41421	1,9999899241	<2<	2,0000182084	1,41422
6	1,414213	1,999998409369	<2<	2,000001237796	1,414214

Stationenlernen Mathematik / 9. Schuljahr – Bestell-Nr. 11 839

Station

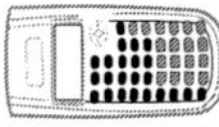  

Intervallschachtelung

A Zwischen welchen natürlichen Zahlen liegt die Quadratwurzel?

4 < $\sqrt{23}$ < 5   7 < $\sqrt{50}$ < 8   8 < $\sqrt{70}$ < 9

10 < $\sqrt{110}$ < 11   13 < $\sqrt{180}$ < 14   17 < $\sqrt{310}$ < 18

B Bestimmt näherungsweise (durch Intervallschachtelung) die Wurzel aus 40.

Nachkommastellenzahl	untere Näherungszahl	hoch 2	Probe	hoch 2	obere Näherungszahl
0	6	36	<40<	49,0	7
1	6,3	39,69	<40<	40,96	6,4
2	6,32	39,9424	<40<	40,0689	6,33
3	6,324	39,992976	<40<	40,005625	6,325
4	6,3245	39,99930025	<40<	40,00056516	6,3246
5	6,32455	39,9999327025	<40<	40,0000591936	6,32456
6	6,324555	39,999995948025	<40<	40,000008597136	6,324556
7	6,3245553	39,99999974275809	<40<	40,00000100766916	6,3245554
8	6,32455532	39,9999999957403024	<40<	40,0000001222314089	6,32455533

Stationenlernen Mathematik / 9. Schuljahr – Bestell-Nr. 11 839

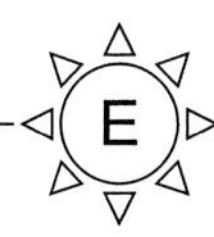

Station

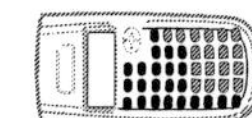   

Wie man im Mittelalter die Wurzel zog

Die Mathematiker des Mittelalters spalteten die Zahlen auf, aus denen sie die Wurzel ziehen wollten.

Beispiel: $\sqrt{83}$ Sie spalteten 83 auf in eine nahe gelegene Quadratzahl und den Rest.

$\sqrt{83} \approx \sqrt{81 + 2}$ Der Rest kommt in den Zähler.

$\sqrt{83} \approx 9 + \frac{2}{2 \cdot 9 + 1}$ Die Wurzel aus der nahe gelegenen Quadratzahl wird verdoppelt und um Eins vermehrt.

$\sqrt{83} \approx 9 + \frac{2}{19} \approx 9{,}105263158$ Der Taschenrechner liefert dir 9,110433579.

Berechne die Wurzeln wie im Mittelalter.

A $\sqrt{15} \approx$

B $\sqrt{105} \approx$

C $\sqrt{145} \approx$

D $\sqrt{173} \approx$

E $\sqrt{229} \approx$

Stationenlernen Mathematik / 9. Schuljahr – Bestell-Nr. 11 839

Station

 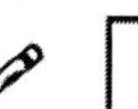

Rechnen mit Wurzeln: Addition und Subtraktion

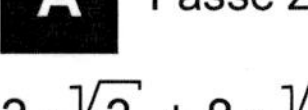

A Fasse zusammen.

$3 \cdot \sqrt{3} + 8 \cdot \sqrt{3}$

$3 \cdot \sqrt{7} + 6 \cdot \sqrt{7}$

$9 \cdot \sqrt{2} - 7 \cdot \sqrt{2}$

$6 \cdot \sqrt{5} - 5 \cdot \sqrt{5}$

$11 \cdot \sqrt{8} + 13 \cdot \sqrt{8}$

$2 \cdot \sqrt{6} + 7 \cdot \sqrt{6}$

$5 \cdot \sqrt{3} + 2 \cdot \sqrt{3} - \sqrt{3}$

$4 \cdot \sqrt{5} - 3 \cdot \sqrt{5} - 6 \cdot \sqrt{5}$

$2 \cdot \sqrt{8} + 6 \cdot \sqrt{8} - 14 \cdot \sqrt{8}$

$6 \cdot \sqrt{7} + 9 \cdot \sqrt{7} - 2 \cdot \sqrt{7}$

B Schreibe so einfach wie möglich.

$5 \cdot \sqrt{5} + 3 \cdot \sqrt{5} + 2 \cdot \sqrt{3} + 6 \cdot \sqrt{3}$

$8 \cdot \sqrt{7} + 5 \cdot \sqrt{5} - 7 \cdot \sqrt{7} + \sqrt{5}$

$\sqrt{11} - 6 \cdot \sqrt{7} + 5 \cdot \sqrt{11} + 5 \cdot \sqrt{7}$

$8 \cdot \sqrt{7} - 5 \cdot \sqrt{11} - 11 \cdot \sqrt{7} + 6 \cdot \sqrt{11}$

$(23 \cdot \sqrt{2} + 5 \cdot \sqrt{2}) : 4$

$(12 \cdot \sqrt{7} + 8 \cdot \sqrt{7}) : 5$

$(20 \cdot \sqrt{5} - 5 \cdot \sqrt{5}) : \sqrt{5}$

$(7 \cdot \sqrt{3} + 8 \cdot \sqrt{3}) : 5 \cdot \sqrt{3}$

$2a \cdot \sqrt{b} + 0{,}75a \cdot \sqrt{b}$

$a \cdot \sqrt{ax} + c \cdot \sqrt{ax}$

Station

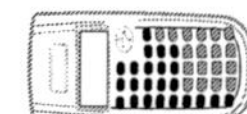    

Wie man im Mittelalter die Wurzel zog

Die Mathematiker des Mittelalters spalteten die Zahlen auf, aus denen sie die Wurzel ziehen wollten.

Beispiel: $\sqrt{83}$ Sie spalteten 83 auf in eine nahe gelegene Quadratzahl und den Rest.

$\sqrt{83} \approx \sqrt{81 + 2}$ Der Rest kommt in den Zähler.

$\sqrt{83} \approx 9 + \frac{2}{2 \cdot 9 + 1}$ Die Wurzel aus der nahe gelegenen Quadratzahl wird verdoppelt und um Eins vermehrt.

$\sqrt{83} \approx 9 + \frac{2}{19} \approx 9{,}105263158$ Der Taschenrechner liefert dir 9,110433579.

Berechne die Wurzeln wie im Mittelalter.

A	$\sqrt{15} \approx$	$3 + \frac{6}{7} \approx 3{,}857142857$ (Taschenrechner 3,872983346)
B	$\sqrt{105} \approx$	$10 + \frac{5}{21} \approx 10{,}23809524$ (Taschenrechner 10,24695077)
C	$\sqrt{145} \approx$	$12 + \frac{1}{25} \approx 12{,}04$ (Taschenrechner 12,04159458)
D	$\sqrt{173} \approx$	$13 + \frac{4}{27} \approx 13{,}14814815$ (Taschenrechner 13,15294644)
E	$\sqrt{229} \approx$	$15 + \frac{4}{31} \approx 15{,}12903226$ (Taschenrechner 15,13274595)

Stationenlernen Mathematik / 9. Schuljahr – Bestell-Nr. 11 839

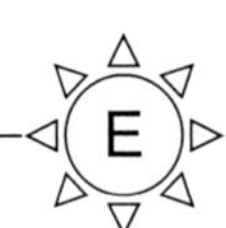

Station

 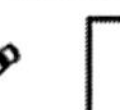 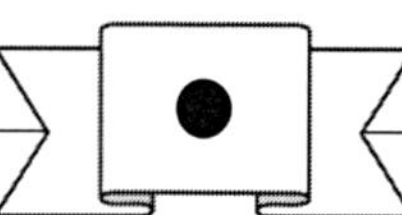

Rechnen mit Wurzeln: Addition und Subtraktion

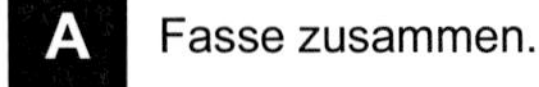

A Fasse zusammen.

$3 \cdot \sqrt{3} + 8 \cdot \sqrt{3}$	$11 \cdot \sqrt{3}$
$3 \cdot \sqrt{7} + 6 \cdot \sqrt{7}$	$9 \cdot \sqrt{7}$
$9 \cdot \sqrt{2} - 7 \cdot \sqrt{2}$	$2 \cdot \sqrt{2}$
$6 \cdot \sqrt{5} - 5 \cdot \sqrt{5}$	$\sqrt{5}$
$11 \cdot \sqrt{8} + 13 \cdot \sqrt{8}$	$24 \cdot \sqrt{8}$
$2 \cdot \sqrt{6} + 7 \cdot \sqrt{6}$	$9 \cdot \sqrt{6}$
$5 \cdot \sqrt{3} + 2 \cdot \sqrt{3} - \sqrt{3}$	$6 \cdot \sqrt{3}$
$4 \cdot \sqrt{5} - 3 \cdot \sqrt{5} - 6 \cdot \sqrt{5}$	$-5 \cdot \sqrt{5}$
$2 \cdot \sqrt{8} + 6 \cdot \sqrt{8} - 14 \cdot \sqrt{8}$	$-6 \cdot \sqrt{8}$
$6 \cdot \sqrt{7} + 9 \cdot \sqrt{7} - 2 \cdot \sqrt{7}$	$13 \cdot \sqrt{7}$

B Schreibe so einfach wie möglich.

$5 \cdot \sqrt{5} + 3 \cdot \sqrt{5} + 2 \cdot \sqrt{3} + 6 \cdot \sqrt{3}$	$8 \cdot \sqrt{5} + 8 \cdot \sqrt{3}$
$8 \cdot \sqrt{7} + 5 \cdot \sqrt{5} - 7 \cdot \sqrt{7} + \sqrt{5}$	$\sqrt{7} + 6 \cdot \sqrt{5}$
$\sqrt{11} - 6 \cdot \sqrt{7} + 5 \cdot \sqrt{11} + 5 \cdot \sqrt{7}$	$6 \cdot \sqrt{11} - \sqrt{7}$
$8 \cdot \sqrt{7} - 5 \cdot \sqrt{11} - 11 \cdot \sqrt{7} + 6 \cdot \sqrt{11}$	$-3 \cdot \sqrt{7} + \sqrt{11}$
$(23 \cdot \sqrt{2} + 5 \cdot \sqrt{2}) : 4$	$7 \cdot \sqrt{2}$
$(12 \cdot \sqrt{7} + 8 \cdot \sqrt{7}) : 5$	$4 \cdot \sqrt{7}$
$(20 \cdot \sqrt{5} - 5 \cdot \sqrt{5}) : \sqrt{5}$	15
$(7 \cdot \sqrt{3} + 8 \cdot \sqrt{3}) : 5 \cdot \sqrt{3}$	3
$2a \cdot \sqrt{b} + 0{,}75a \cdot \sqrt{b}$	$2{,}75a \cdot \sqrt{b}$
$a \cdot \sqrt{ax} + c \cdot \sqrt{ax}$	$(a + c) \cdot \sqrt{ax}$

Station E

Rechnen mit Wurzeln: Multiplikation und Division

A Berechne im Kopf.	**B** Berechne im Kopf.	**C** Vereinfache so weit wie möglich.
$\sqrt{3} \cdot \sqrt{12}$	$\sqrt{25 \cdot 9}$	$\sqrt{2a} \cdot \sqrt{18a}$
$\sqrt{1,6} \cdot \sqrt{1000}$	$\sqrt{169 \cdot 144}$	$\sqrt{50a} : \sqrt{2a}$
$\sqrt{8} \cdot \sqrt{18}$	$\sqrt{75} : \sqrt{3}$	$\sqrt{x} \cdot \sqrt{xy^2}$
$\sqrt{1,1} \cdot \sqrt{4,4}$	$\sqrt{640} : \sqrt{10}$	$\sqrt{xy^2} : \sqrt{x}$
$\sqrt{6} \cdot \sqrt{54}$	$\sqrt{0,49 \cdot 0,09}$	$\sqrt{28m} \cdot \sqrt{7mn^2}$
$\sqrt{0,9} \cdot \sqrt{250}$	$\sqrt{9 \cdot 16 \cdot 49}$	$\sqrt{a} : \sqrt{ab^2}$
$\sqrt{2} \cdot \sqrt{32}$	$\sqrt{8} \cdot \sqrt{2} \cdot \sqrt{36}$	$\sqrt{0,2u} \cdot \sqrt{0,05u}$
$\sqrt{0,3} \cdot \sqrt{1,2}$	$\sqrt{36 \cdot 16 \cdot 81}$	$\sqrt{891z} : \sqrt{11z}$
$\sqrt{3} \cdot \sqrt{6} \cdot \sqrt{32}$	$\sqrt{7,2} : \sqrt{0,05}$	$\sqrt{2} \cdot (\sqrt{18} - \sqrt{8})$
$\sqrt{4 \cdot 64 \cdot 121}$	$\sqrt{147} : \sqrt{3}$	$\sqrt{5} \cdot (\sqrt{20} + \sqrt{5})$

Stationenlernen Mathematik / 9. Schuljahr – Bestell-Nr. 11 839

Station P

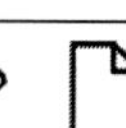

Umformen von Wurzeltermen

Beim teilweisen (partiellen) Wurzelziehen zerlegt ihr den Radikanden so in ein Produkt, dass einer der Faktoren eine Quadratzahl ist.

Beispiel: $\sqrt{75} = \sqrt{25 \cdot 3} = \sqrt{25} \cdot \sqrt{3} = 5 \cdot \sqrt{3}$

Steht im Nenner eines Bruches eine Quadratwurzel, dann lässt sich diese Wurzel durch Erweitern beseitigen. Man nennt das Rationalmachen des Nenners.

Beispiel: $\frac{28}{\sqrt{7}} = \frac{28 \cdot \sqrt{7}}{\sqrt{7} \cdot \sqrt{7}} = \frac{28 \cdot \sqrt{7}}{7} = 4 \cdot \sqrt{7}$

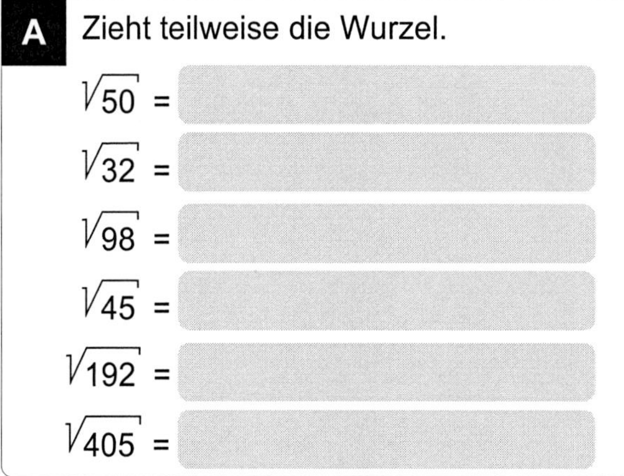

A Zieht teilweise die Wurzel.

$\sqrt{50} =$

$\sqrt{32} =$

$\sqrt{98} =$

$\sqrt{45} =$

$\sqrt{192} =$

$\sqrt{405} =$

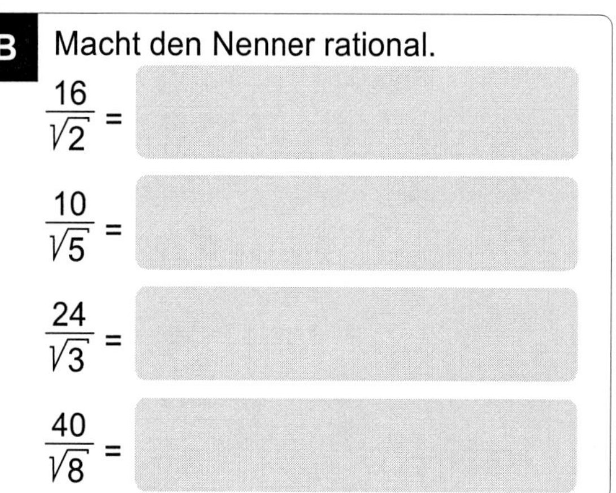

B Macht den Nenner rational.

$\frac{16}{\sqrt{2}} =$

$\frac{10}{\sqrt{5}} =$

$\frac{24}{\sqrt{3}} =$

$\frac{40}{\sqrt{8}} =$

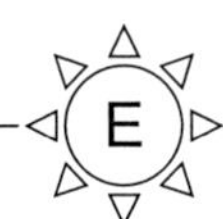

Station

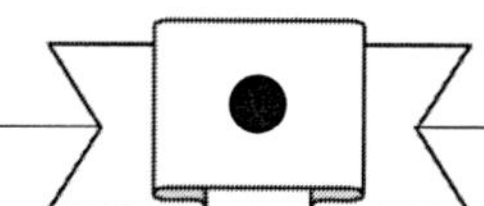

Rechnen mit Wurzeln: Multiplikation und Division

A Berechne im Kopf.		**B** Berechne im Kopf.		**C** Vereinfache so weit wie möglich.	
$\sqrt{3} \cdot \sqrt{12}$	6	$\sqrt{25 \cdot 9}$	15	$\sqrt{2a} \cdot \sqrt{18a}$	6a
$\sqrt{1,6} \cdot \sqrt{1000}$	40	$\sqrt{169 \cdot 144}$	156	$\sqrt{50a} : \sqrt{2a}$	5
$\sqrt{8} \cdot \sqrt{18}$	12	$\sqrt{75} : \sqrt{3}$	5	$\sqrt{x} \cdot \sqrt{xy^2}$	xy
$\sqrt{1,1} \cdot \sqrt{4,4}$	2,2	$\sqrt{640} : \sqrt{10}$	8	$\sqrt{xy^2} : \sqrt{x}$	y
$\sqrt{6} \cdot \sqrt{54}$	18	$\sqrt{0,49 \cdot 0,09}$	0,21	$\sqrt{28m} \cdot \sqrt{7mn^2}$	14mn
$\sqrt{0,9} \cdot \sqrt{250}$	15	$\sqrt{9 \cdot 16 \cdot 49}$	84	$\sqrt{a} : \sqrt{ab^2}$	$\frac{1}{b}$
$\sqrt{2} \cdot \sqrt{32}$	8	$\sqrt{8} \cdot \sqrt{2} \cdot \sqrt{36}$	24	$\sqrt{0,2u} \cdot \sqrt{0,05u}$	0,1u
$\sqrt{0,3} \cdot \sqrt{1,2}$	0,6	$\sqrt{36 \cdot 16 \cdot 81}$	216	$\sqrt{891z} : \sqrt{11z}$	9
$\sqrt{3} \cdot \sqrt{6} \cdot \sqrt{32}$	24	$\sqrt{7,2} : \sqrt{0,05}$	12	$\sqrt{2} \cdot (\sqrt{18} - \sqrt{8})$	2
$\sqrt{4 \cdot 64 \cdot 121}$	176	$\sqrt{147} : \sqrt{3}$	7	$\sqrt{5} \cdot (\sqrt{20} + \sqrt{5})$	15

Station

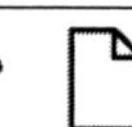

Umformen von Wurzeltermen

Beim teilweisen (partiellen) Wurzelziehen zerlegt ihr den Radikanden so in ein Produkt, dass einer der Faktoren eine Quadratzahl ist.

Beispiel: $\sqrt{75} = \sqrt{25 \cdot 3} = \sqrt{25} \cdot \sqrt{3} = 5 \cdot \sqrt{3}$

Steht im Nenner eines Bruches eine Quadratwurzel, dann lässt sich diese Wurzel durch Erweitern beseitigen. Man nennt das Rationalmachen des Nenners.

Beispiel: $\frac{28}{\sqrt{7}} = \frac{28 \cdot \sqrt{7}}{\sqrt{7} \cdot \sqrt{7}} = \frac{28 \cdot \sqrt{7}}{7} = 4 \cdot \sqrt{7}$

A Zieht teilweise die Wurzel.

$\sqrt{50} = \sqrt{25 \cdot 2} = \sqrt{25} \cdot \sqrt{2} = 5 \cdot \sqrt{2}$

$\sqrt{32} = \sqrt{16 \cdot 2} = \sqrt{16} \cdot \sqrt{2} = 4 \cdot \sqrt{2}$

$\sqrt{98} = \sqrt{49 \cdot 2} = \sqrt{49} \cdot \sqrt{2} = 7 \cdot \sqrt{2}$

$\sqrt{45} = \sqrt{9 \cdot 5} = \sqrt{9} \cdot \sqrt{5} = 3 \cdot \sqrt{5}$

$\sqrt{192} = \sqrt{64 \cdot 3} = \sqrt{64} \cdot \sqrt{3} = 8 \cdot \sqrt{3}$

$\sqrt{405} = \sqrt{81 \cdot 5} = \sqrt{81} \cdot \sqrt{5} = 9 \cdot \sqrt{5}$

B Macht den Nenner rational.

$\frac{16}{\sqrt{2}} = \frac{16 \cdot \sqrt{2}}{\sqrt{2} \cdot \sqrt{2}} = \frac{16 \cdot \sqrt{2}}{2} = 8 \cdot \sqrt{2}$

$\frac{10}{\sqrt{5}} = \frac{10 \cdot \sqrt{5}}{\sqrt{5} \cdot \sqrt{5}} = \frac{10 \cdot \sqrt{5}}{5} = 2 \cdot \sqrt{5}$

$\frac{24}{\sqrt{3}} = \frac{24 \cdot \sqrt{3}}{\sqrt{3} \cdot \sqrt{3}} = \frac{24 \cdot \sqrt{3}}{3} = 8 \cdot \sqrt{3}$

$\frac{40}{\sqrt{8}} = \frac{40 \cdot \sqrt{8}}{\sqrt{8} \cdot \sqrt{8}} = \frac{40 \cdot \sqrt{8}}{8} = 5 \cdot \sqrt{8}$

Stationenlernen Mathematik / 9. Schuljahr – Bestell-Nr. 11 839

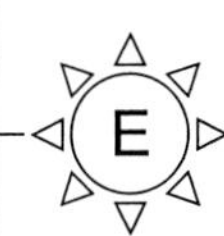

Station

Große Zahlen

Große Zahlen schreibt man häufig als Produkt einer Zahl zwischen 1 und 10 und einer Zehnerpotenz.

Beispiele: $3\,400\,000\,000 = 3{,}4 \cdot 10^9$
$175\,000 = 1{,}75 \cdot 10^5$
$3{,}4 \cdot 10^{12} = 3\,400\,000\,000\,000$

Diese Art der Zahlendarstellung wird im Englischen als **scientific notation** bezeichnet. Neben dieser **wissenschaftlichen Schreibweise** gibt es noch die **technische Notation**, bei der die Ergebnisse so angegeben werden, dass der Exponent ein Vielfaches von 3 ist.

A Stelle in wissenschaftlicher Schreibweise dar.

6 230 000 000	
7 500 000 000 000	
57 600 000	
920 000 000 000	
8 910 000 000 000 000	
12 340 000 000 000	
549 000	
3 600 000 000	
11 900 000 000 000	

B Schreibe ohne Benutzung von Zehnerpotenzen.

$5{,}03 \cdot 10^7$	
$64 \cdot 10^6$	
$5{,}76 \cdot 10^4$	
$620 \cdot 10^{12}$	
$8{,}7 \cdot 10^{13}$	
$32{,}37 \cdot 10^3$	
$1{,}29 \cdot 10^6$	
$114 \cdot 10^9$	
$8{,}05 \cdot 10^5$	

Stationenlernen Mathematik / 9. Schuljahr – Bestell-Nr. 11 839

Station

Kleine Zahlen

Kleine Zahlen, die zwischen 0 und 1 liegen, lassen sich als Produkt einer Zahl zwischen 1 und 10 und einer Zehnerpotenz mit negativem Exponenten darstellen (scientific notation).

Beispiele: $0{,}000000537 = 5{,}37 \cdot 10^{-7}$ ☞ einfach nur die Anzahl Nullen zählen
$0{,}0023 = 2{,}3 \cdot 10^{-3}$
$4 \cdot 10^{-9} = 0{,}000000004$

A Stelle in wissenschaftlicher Schreibweise dar.

0,00000452	
0,000079	
0,0000000009	
0,246	
0,0000000000000039	
0,00000075	
0,0000549	
0,0000000000059	
0,000000003	

B Schreibe ohne Benutzung von Zehnerpotenzen.

$5{,}03 \cdot 10^{-4}$	
$64 \cdot 10^{-3}$	
$5{,}76 \cdot 10^{-7}$	
$620 \cdot 10^{-15}$	
$8{,}7 \cdot 10^{-5}$	
$1{,}29 \cdot 10^{-4}$	
$114 \cdot 10^{-6}$	
$8{,}05 \cdot 10^{-7}$	
$7{,}2 \cdot 10^{-11}$	

Station

Große Zahlen

Große Zahlen schreibt man häufig als Produkt einer Zahl zwischen 1 und 10 und einer Zehnerpotenz.

Beispiele: $3\,400\,000\,000 = 3{,}4 \cdot 10^9$
$175\,000 = 1{,}75 \cdot 10^5$
$3{,}4 \cdot 10^{12} = 3\,400\,000\,000\,000$

Diese Art der Zahlendarstellung wird im Englischen als **scientific notation** bezeichnet. Neben dieser **wissenschaftlichen Schreibweise** gibt es noch die **technische Notation**, bei der die Ergebnisse so angegeben werden, dass der Exponent ein Vielfaches von 3 ist.

A Stelle in wissenschaftlicher Schreibweise dar.

6 230 000 000	$6{,}23 \cdot 10^9$
7 500 000 000 000	$7{,}5 \cdot 10^{12}$
57 600 000	$5{,}76 \cdot 10^7$
920 000 000 000	$9{,}2 \cdot 10^{11}$
8 910 000 000 000 000	$8{,}91 \cdot 10^{15}$
12 340 000 000 000	$1{,}234 \cdot 10^{13}$
549 000	$5{,}49 \cdot 10^5$
3 600 000 000	$3{,}6 \cdot 10^9$
11 900 000 000 000	$1{,}19 \cdot 10^{13}$

B Schreibe ohne Benutzung von Zehnerpotenzen.

$5{,}03 \cdot 10^7$	50 300 000
$64 \cdot 10^6$	64 000 000
$5{,}76 \cdot 10^4$	57 600
$620 \cdot 10^{12}$	620 000 000 000 000
$8{,}7 \cdot 10^{13}$	87 000 000 000 000
$32{,}37 \cdot 10^3$	32 370
$1{,}29 \cdot 10^6$	1 290 000
$114 \cdot 10^9$	114 000 000 000
$8{,}05 \cdot 10^5$	805 000

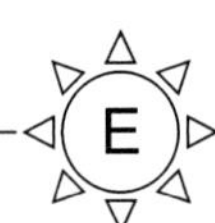

Station

Kleine Zahlen

Kleine Zahlen, die zwischen 0 und 1 liegen, lassen sich als Produkt einer Zahl zwischen 1 und 10 und einer Zehnerpotenz mit negativem Exponenten darstellen (scientific notation).

Beispiele: $0{,}000000537 = 5{,}37 \cdot 10^{-7}$ einfach nur die Anzahl Nullen zählen
$0{,}0023 = 2{,}3 \cdot 10^{-3}$
$4 \cdot 10^{-9} = 0{,}000000004$

A Stelle in wissenschaftlicher Schreibweise dar.

0,00000452	$4{,}52 \cdot 10^{-6}$
0,000079	$7{,}9 \cdot 10^{-5}$
0,0000000009	$9 \cdot 10^{-10}$
0,246	$2{,}46 \cdot 10^{-1}$
0,00000000000000039	$3{,}9 \cdot 10^{-16}$
0,00000075	$7{,}5 \cdot 10^{-7}$
0,0000549	$5{,}49 \cdot 10^{-5}$
0,0000000000059	$5{,}9 \cdot 10^{-12}$
0,000000003	$3 \cdot 10^{-9}$

B Schreibe ohne Benutzung von Zehnerpotenzen.

$5{,}03 \cdot 10^{-4}$	0,000503
$64 \cdot 10^{-3}$	0,064
$5{,}76 \cdot 10^{-7}$	0,000000576
$620 \cdot 10^{-15}$	0,00000000000062
$8{,}7 \cdot 10^{-5}$	0,000087
$1{,}29 \cdot 10^{-4}$	0,000129
$114 \cdot 10^{-6}$	0,000114
$8{,}05 \cdot 10^{-7}$	0,000000805
$7{,}2 \cdot 10^{-11}$	0,00000000072

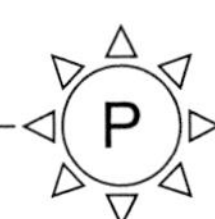

Station

n-te Wurzeln

Die Kubikwurzel einer nicht negativen Zahl b ist die positive Zahl a, deren 3. Potenz gleich der Zahl b ist.

Beispiel: $\sqrt[3]{125} = 5$, da $5^3 = 125$

Die n-te Wurzel einer nicht negativen Zahl b ist die positive Zahl a, deren n-te Potenz gleich der Zahl b ist.

Beispiel: $\sqrt[5]{243} = 3$, da $3^5 = 243$

A Berechnet im Kopf.		**B** Berechnet im Kopf.		**C** Zieht teilweise die Wurzel.	
$\sqrt[3]{8}$		$\sqrt[4]{16}$		$\sqrt[3]{16} =$	
$\sqrt[3]{64}$		$\sqrt[6]{729}$		$\sqrt[3]{250} =$	
$\sqrt[3]{0{,}125}$		$\sqrt[6]{64}$		$\sqrt[5]{160} =$	
$\sqrt[3]{1000}$		$\sqrt[7]{1}$		$\sqrt[3]{189} =$	
$\sqrt[3]{512}$		$\sqrt[4]{1296}$		$\sqrt[4]{32} =$	
$\sqrt[3]{216}$		$\sqrt[4]{10000}$		$\sqrt[3]{320} =$	
$\sqrt[3]{0{,}001}$		$\sqrt[5]{1024}$		$\sqrt[7]{256} =$	

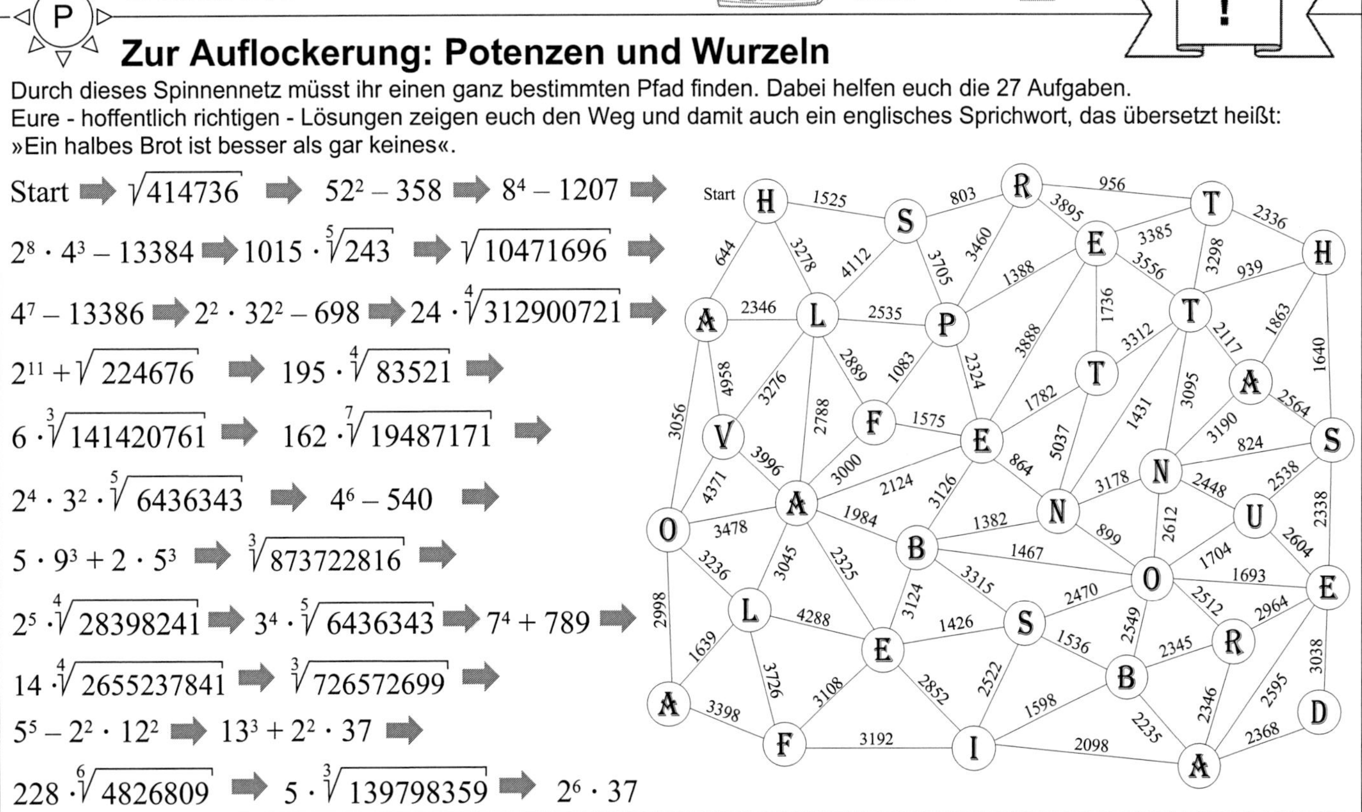

Station

Zur Auflockerung: Potenzen und Wurzeln

Durch dieses Spinnennetz müsst ihr einen ganz bestimmten Pfad finden. Dabei helfen euch die 27 Aufgaben.
Eure - hoffentlich richtigen - Lösungen zeigen euch den Weg und damit auch ein englisches Sprichwort, das übersetzt heißt: »Ein halbes Brot ist besser als gar keines«.

Start ➡ $\sqrt{414736}$ ➡ $52^2 - 358$ ➡ $8^4 - 1207$ ➡

$2^8 \cdot 4^3 - 13384$ ➡ $1015 \cdot \sqrt[5]{243}$ ➡ $\sqrt{10471696}$ ➡

$4^7 - 13386$ ➡ $2^2 \cdot 32^2 - 698$ ➡ $24 \cdot \sqrt[4]{312900721}$ ➡

$2^{11} + \sqrt{224676}$ ➡ $195 \cdot \sqrt[4]{83521}$ ➡

$6 \cdot \sqrt[3]{141420761}$ ➡ $162 \cdot \sqrt[7]{19487171}$ ➡

$2^4 \cdot 3^2 \cdot \sqrt[5]{6436343}$ ➡ $4^6 - 540$ ➡

$5 \cdot 9^3 + 2 \cdot 5^3$ ➡ $\sqrt[3]{873722816}$ ➡

$2^5 \cdot \sqrt[4]{28398241}$ ➡ $3^4 \cdot \sqrt[5]{6436343}$ ➡ $7^4 + 789$ ➡

$14 \cdot \sqrt[4]{2655237841}$ ➡ $\sqrt[3]{726572699}$ ➡

$5^5 - 2^2 \cdot 12^2$ ➡ $13^3 + 2^2 \cdot 37$ ➡

$228 \cdot \sqrt[6]{4826809}$ ➡ $5 \cdot \sqrt[3]{139798359}$ ➡ $2^6 \cdot 37$

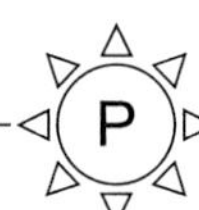

Station

n-te Wurzeln

Die Kubikwurzel einer nicht negativen Zahl b ist die positive Zahl a, deren 3. Potenz gleich der Zahl b ist.

Beispiel: $\sqrt[3]{125} = 5$, da $5^3 = 125$

Die n-te Wurzel einer nicht negativen Zahl b ist die positive Zahl a, deren n-te Potenz gleich der Zahl b ist.

Beispiel: $\sqrt[5]{243} = 3$, da $3^5 = 243$

A Berechnet im Kopf.

$\sqrt[3]{8}$	2
$\sqrt[3]{64}$	4
$\sqrt[3]{0{,}125}$	0,5
$\sqrt[3]{1000}$	10
$\sqrt[3]{512}$	8
$\sqrt[3]{216}$	6
$\sqrt[3]{0{,}001}$	0,1

B Berechnet im Kopf.

$\sqrt[4]{16}$	2
$\sqrt[6]{729}$	3
$\sqrt[6]{64}$	2
$\sqrt[7]{1}$	1
$\sqrt[4]{1296}$	6
$\sqrt[4]{10000}$	10
$\sqrt[5]{1024}$	4

C Zieht teilweise die Wurzel.

$\sqrt[3]{16} =$	$\sqrt[3]{8 \cdot 2} = \sqrt[3]{8} \cdot \sqrt[3]{2} = 2 \cdot \sqrt[3]{2}$
$\sqrt[3]{250} =$	$\sqrt[3]{125 \cdot 2} = \sqrt[3]{125} \cdot \sqrt[3]{2} = 5 \cdot \sqrt[3]{2}$
$\sqrt[5]{160} =$	$\sqrt[5]{32 \cdot 5} = \sqrt[5]{32} \cdot \sqrt[5]{5} = 2 \cdot \sqrt[5]{5}$
$\sqrt[3]{189} =$	$\sqrt[3]{27 \cdot 7} = \sqrt[3]{27} \cdot \sqrt[3]{7} = 3 \cdot \sqrt[3]{7}$
$\sqrt[4]{32} =$	$\sqrt[4]{16 \cdot 2} = \sqrt[4]{16} \cdot \sqrt[4]{2} = 2 \cdot \sqrt[4]{2}$
$\sqrt[3]{320} =$	$\sqrt[3]{64 \cdot 5} = \sqrt[3]{64} \cdot \sqrt[3]{5} = 4 \cdot \sqrt[3]{5}$
$\sqrt[7]{256} =$	$\sqrt[7]{128 \cdot 2} = \sqrt[7]{128} \cdot \sqrt[7]{2} = 2 \cdot \sqrt[7]{2}$

Station

Zur Auflockerung: Potenzen und Wurzeln

Durch dieses Spinnennetz müsst ihr einen ganz bestimmten Pfad finden. Dabei helfen euch die 27 Aufgaben.
Eure - hoffentlich richtigen - Lösungen zeigen euch den Weg und damit auch ein englisches Sprichwort, das übersetzt heißt: »Ein halbes Brot ist besser als gar keines«.

Start ➡ $\sqrt{414736}$ ➡ $52^2 - 358$ ➡ $8^4 - 1207$ ➡

$2^8 \cdot 4^3 - 13384$ ➡ $1015 \cdot \sqrt[5]{243}$ ➡ $\sqrt{10471696}$ ➡

$4^7 - 13386$ ➡ $2^2 \cdot 32^2 - 698$ ➡ $24 \cdot \sqrt[4]{312900721}$ ➡

$2^{11} + \sqrt{224676}$ ➡ $195 \cdot \sqrt[4]{83521}$ ➡

$6 \cdot \sqrt[3]{141420761}$ ➡ $162 \cdot \sqrt[7]{19487171}$ ➡

$2^4 \cdot 3^2 \cdot \sqrt[5]{6436343}$ ➡ $4^6 - 540$ ➡

$5 \cdot 9^3 + 2 \cdot 5^3$ ➡ $\sqrt[3]{873722816}$ ➡

$2^5 \cdot \sqrt[4]{28398241}$ ➡ $3^4 \cdot \sqrt[5]{6436343}$ ➡ $7^4 + 789$ ➡

$14 \cdot \sqrt[4]{2655237841}$ ➡ $\sqrt[3]{726572699}$ ➡

$5^5 - 2^2 \cdot 12^2$ ➡ $13^3 + 2^2 \cdot 37$ ➡

$228 \cdot \sqrt[6]{4826809}$ ➡ $5 \cdot \sqrt[3]{139798359}$ ➡ $2^6 \cdot 37$

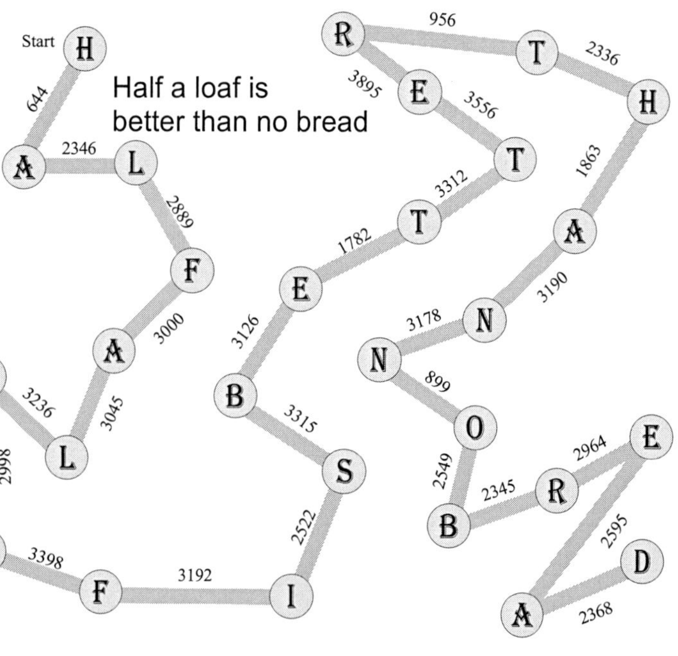

Start H – 644 – A – 2346 – L – 2889 – F – 3000 – A – 3045 – L – 3236 – O – 2998 – A – 3398 – F – 3192 – I – 2522 – S – 3315 – B – 3126 – E – 1782 – T – 3312 – T – 3556 – E – 3895 – R – 956 – T – 2336 – H – 1863 – A – 3190 – N – 3178 – N – 899 – O – 2549 – B – 2345 – R – 2964 – E – 2595 – D – 2368 – A

Half a loaf is better than no bread

Stationenlernen Mathematik / 9. Schuljahr – Bestell-Nr. 11 839

P

Station

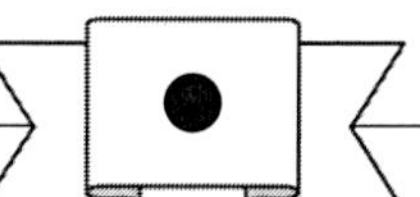

Formeln zur Berechnung rechtwinkliger Dreiecke

Wenn ihr die Formeln entsprechend umstellt, habt ihr eine Formelsammlung zur Berechnung rechtwinkliger Dreiecke.

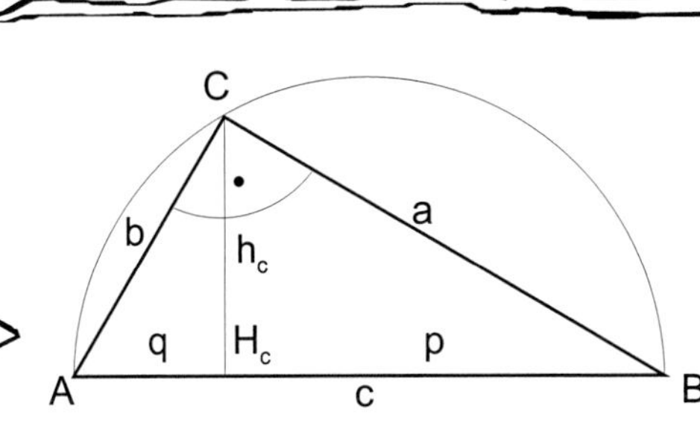

$q + p = c$	$q =$	$p =$
$A = \frac{a \cdot b}{2}$	$a =$	$b =$
$A = \frac{c \cdot h_c}{2}$	$c =$	$h_c =$

$a^2 + b^2 = c^2$	$a =$	$b =$	$c =$
$a^2 = c \cdot p$	$a =$	$c =$	$p =$
$b^2 = c \cdot q$	$b =$	$c =$	$q =$
$h_c^2 = p \cdot q$	$h_c =$	$p =$	$q =$

Station

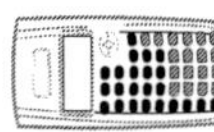

Sachaufgaben: Der Satz des Pythagoras (1)

A Entwickle eine Formel für die Berechnung der Länge der Raumdiagonalen d eines Würfels mit der Kantenlänge a.

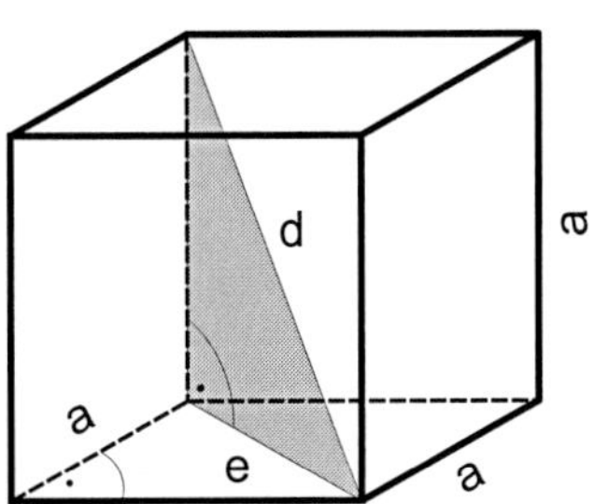

B Wie lang ist die Raumdiagonale eines Würfels mit der Kantenlänge a = 7 cm?

Berechne die Kantenlänge eines Würfels mit der Raumdiagonalen d = 17 cm.

Wie lang ist die Raumdiagonale f eines Quaders mit den Kantenlängen a = 5 cm, b = 7 cm und c = 9 cm?

C Berechne für den abgebildeten Quader die gekennzeichneten (punktierten) Längen.

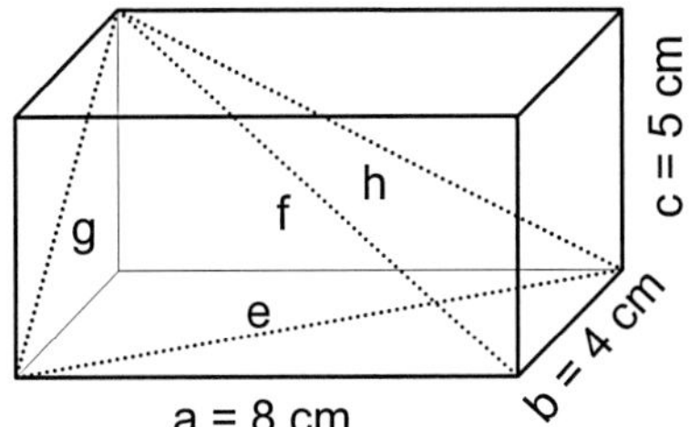

Station P

Formeln zur Berechnung rechtwinkliger Dreiecke

Wenn ihr die Formeln entsprechend umstellt, habt ihr eine Formelsammlung zur Berechnung rechtwinkliger Dreiecke.

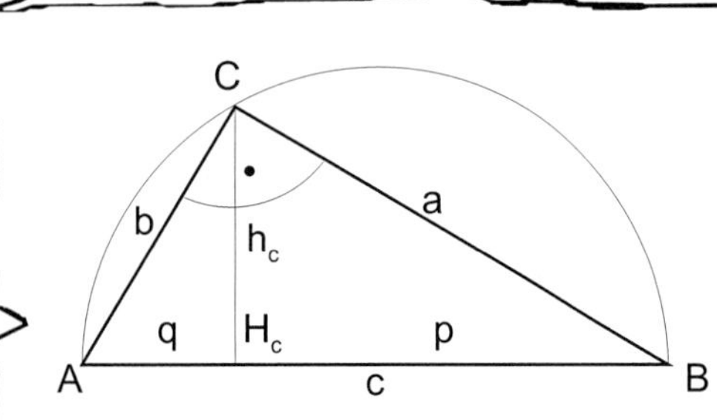

$\mathbf{q + p = c}$	$q = c - p$	$p = c - q$
$\mathbf{A = \frac{a \cdot b}{2}}$	$a = \frac{2 \cdot A}{b}$	$b = \frac{2 \cdot A}{a}$
$\mathbf{A = \frac{c \cdot h_c}{2}}$	$c = \frac{2 \cdot A}{h_c}$	$h_c = \frac{2 \cdot A}{c}$

$\mathbf{a^2 + b^2 = c^2}$	$a = \sqrt{c^2 - b^2}$	$b = \sqrt{c^2 - a^2}$	$c = \sqrt{a^2 + b^2}$
$\mathbf{a^2 = c \cdot p}$	$a = \sqrt{c \cdot p}$	$c = \frac{a^2}{p}$	$p = \frac{a^2}{c}$
$\mathbf{b^2 = c \cdot q}$	$b = \sqrt{c \cdot q}$	$c = \frac{b^2}{q}$	$q = \frac{b^2}{c}$
$\mathbf{h_c^2 = p \cdot q}$	$h_c = \sqrt{p \cdot q}$	$p = \frac{h_c^2}{q}$	$q = \frac{h_c^2}{p}$

Station E

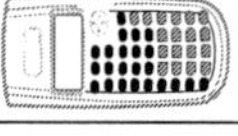

Der Satz des Pythagoras

A Entwickle eine Formel für die Berechnung der Länge der Raumdiagonalen d eines Würfels mit der Kantenlänge a.

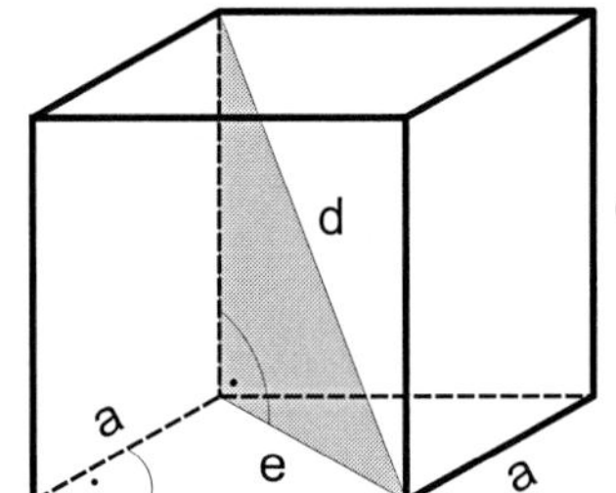

$e^2 = a^2 + a^2$

$d^2 = e^2 + a^2$

$d^2 = a^2 + a^2 + a^2$

$d^2 = 3a^2$

$d = \sqrt{3a^2}$

$d = a \cdot \sqrt{3}$

B Wie lang ist die Raumdiagonale eines Würfels mit der Kantenlänge a = 7 cm?

$d = a \cdot \sqrt{3}$ $\quad d = 7 \cdot \sqrt{3}$ $\quad d \approx 12{,}1$ (cm)

Berechne die Kantenlänge eines Würfels mit der Raumdiagonalen d = 17 cm.

$d = a \cdot \sqrt{3}$ $\quad a = \frac{d}{\sqrt{3}}$ $\quad a = \frac{17}{\sqrt{3}}$ $\quad a \approx 9{,}8$ (cm)

Wie lang ist die Raumdiagonale f eines Quaders mit den Kantenlängen a = 5 cm, b = 7 cm und c = 9 cm?

$f = \sqrt{5^2 + 7^2 + 9^2}$ $\quad f = \sqrt{155}$ $\quad f \approx 12{,}4$ (cm)

C Berechne für den abgebildeten Quader die gekennzeichneten (punktierten) Längen.

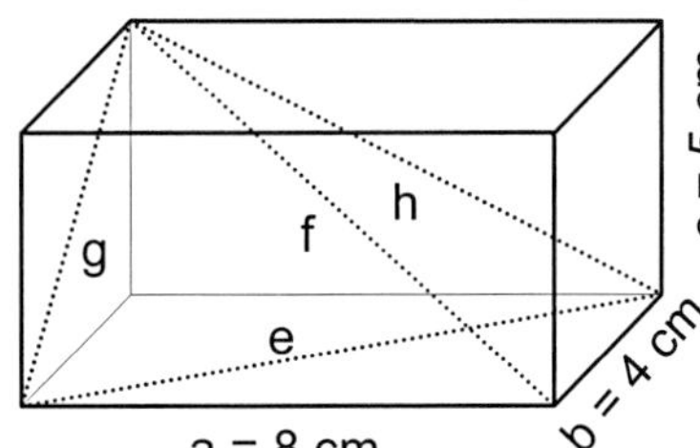

$e = \sqrt{8^2 + 4^2}$ $\quad e = \sqrt{80}$ $\quad e \approx 8{,}9$ (cm)

$g = \sqrt{4^2 + 5^2}$ $\quad g = \sqrt{41}$ $\quad g \approx 6{,}4$ (cm)

$h = \sqrt{8^2 + 5^2}$ $\quad h = \sqrt{89}$ $\quad h \approx 9{,}4$ (cm)

$f = \sqrt{8^2 + 4^2 + 5^2}$ $\quad f = \sqrt{105}$ $\quad f \approx 10{,}2$ (cm)

Station

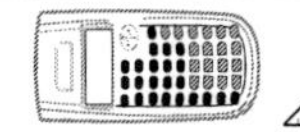
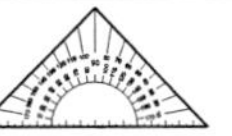

Sachaufgaben: Der Satz des Pythagoras (2)

Zeichne in das Koordinatensystem die Fläche, deren Eckpunkte die angegebenen Koordinaten haben, und berechne den Umfang dieser Fläche: A(– 4 | 2), B(– 3 | – 3), C(4 | – 4), D(2 | 4).

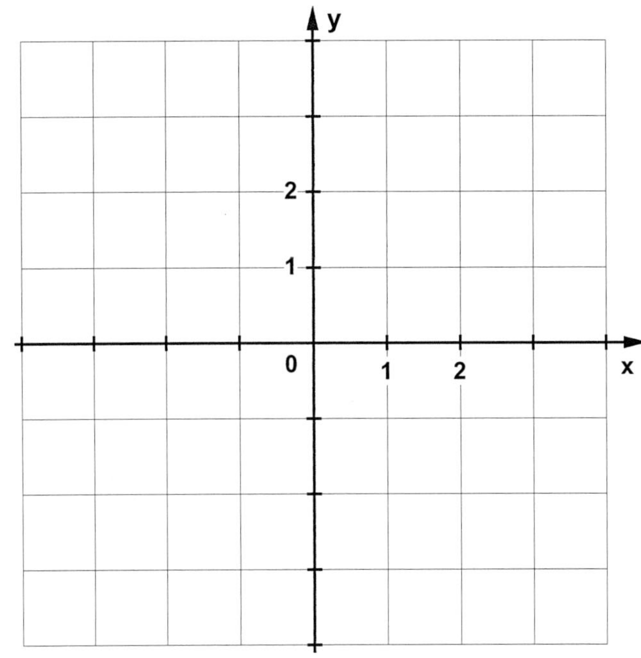

Stationenlernen Mathematik / 9. Schuljahr – Bestell-Nr. 11 839

Station

Sachaufgaben: Der Satz des Pythagoras (3)

A Das Dach einer Garage wird mit neuen Teerbahnen belegt. Wie lang müssen sie sein, wenn der Dachüberstand vorn und hinten 30 cm beträgt?

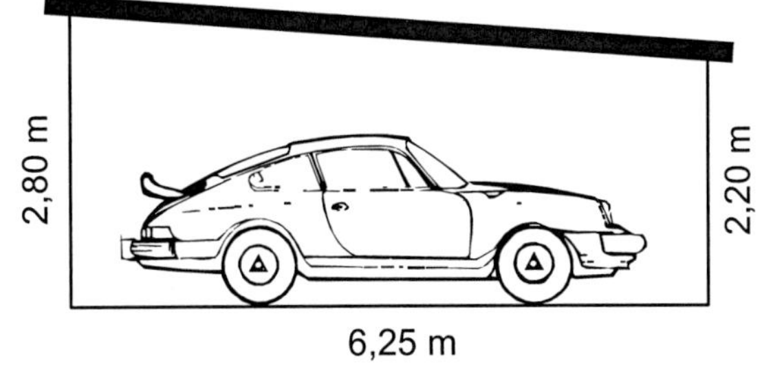

B Als das Space Shuttle mit John Glenn an Bord am 7. 11. 98 zur Landung ansetzte, befand es sich in einer Höhe von 75 m. Nach einem Gleitflug von 420 m setzt es am Anfang der Landebahn auf. Wie weit war das Shuttle von der Landebahn entfernt?

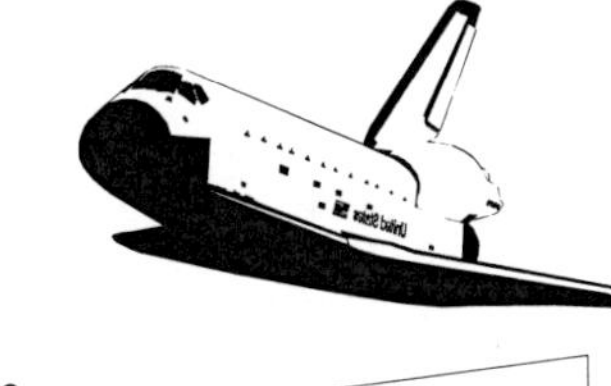

Station E

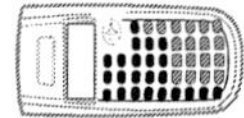
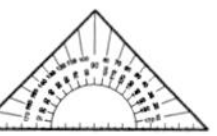

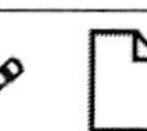

Sachaufgaben: Der Satz des Pythagoras (2)

Zeichne in das Koordinatensystem die Fläche, deren Eckpunkte die angegebenen Koordinaten haben, und berechne den Umfang dieser Fläche: A(– 4 | 2), B(– 3 | – 3), C(4 | – 4), D(2 | 4).

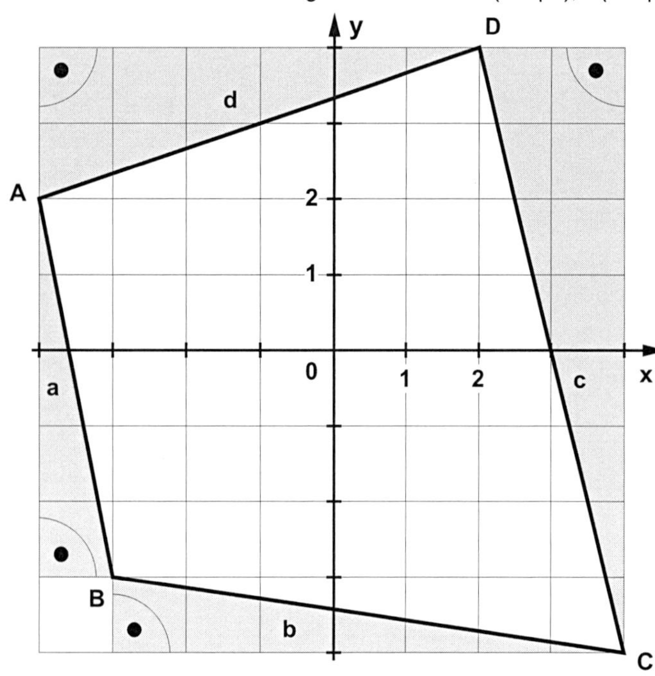

$a = \sqrt{5^2 + 1^2}$

$a = \sqrt{26}$

$a \approx 5{,}1$ cm

$b = \sqrt{7^2 + 1^2}$

$b = \sqrt{50}$

$b \approx 7{,}1$ cm

$c = \sqrt{8^2 + 2^2}$

$c = \sqrt{68}$

$c \approx 8{,}2$ cm

$d = \sqrt{6^2 + 2^2}$

$d = \sqrt{40}$

$d \approx 6{,}3$ cm

$u = a + b + c + d$

$u = 5{,}1 + 7{,}1 + 8{,}2 + 6{,}3$

$u = 26{,}7$ cm

Stationenlernen Mathematik / 9. Schuljahr – Bestell-Nr. 11 839

Station E

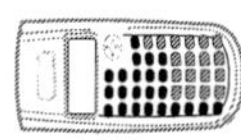

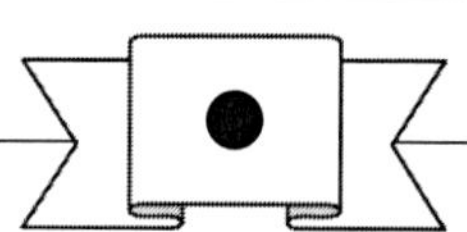

Sachaufgaben: Der Satz des Pythagoras (3)

A Das Dach einer Garage wird mit neuen Teerbahnen belegt. Wie lang müssen sie sein, wenn der Dachüberstand vorn und hinten 30 cm beträgt?

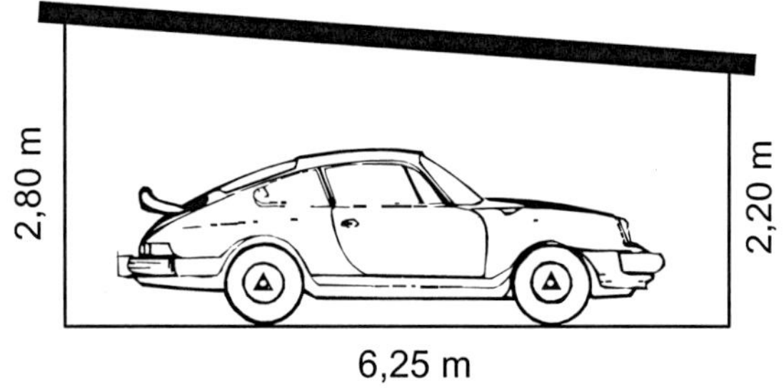

$l = \sqrt{6{,}25^2 + 0{,}6^2}$

$l = \sqrt{39{,}4225}$

$l \approx 6{,}28$

Gesamtlänge = 6,88 m

Die Teerbahnen müssen 6,88 m lang sein.

B Als das Space Shuttle mit John Glenn an Bord am 7. 11. 98 zur Landung ansetzte, befand es sich in einer Höhe von 75 m. Nach einem Gleitflug von 420 m setzt es am Anfang der Landebahn auf. Wie weit war das Shuttle von der Landebahn entfernt?

420 m

75 m

$w = \sqrt{420^2 - 75^2}$

$w = \sqrt{170\,775}$

$w \approx 413{,}3$

Das Shuttle war 413 m von der Landebahn entfernt.

Stationenlernen Mathematik / 9. Schuljahr – Bestell-Nr. 11 839

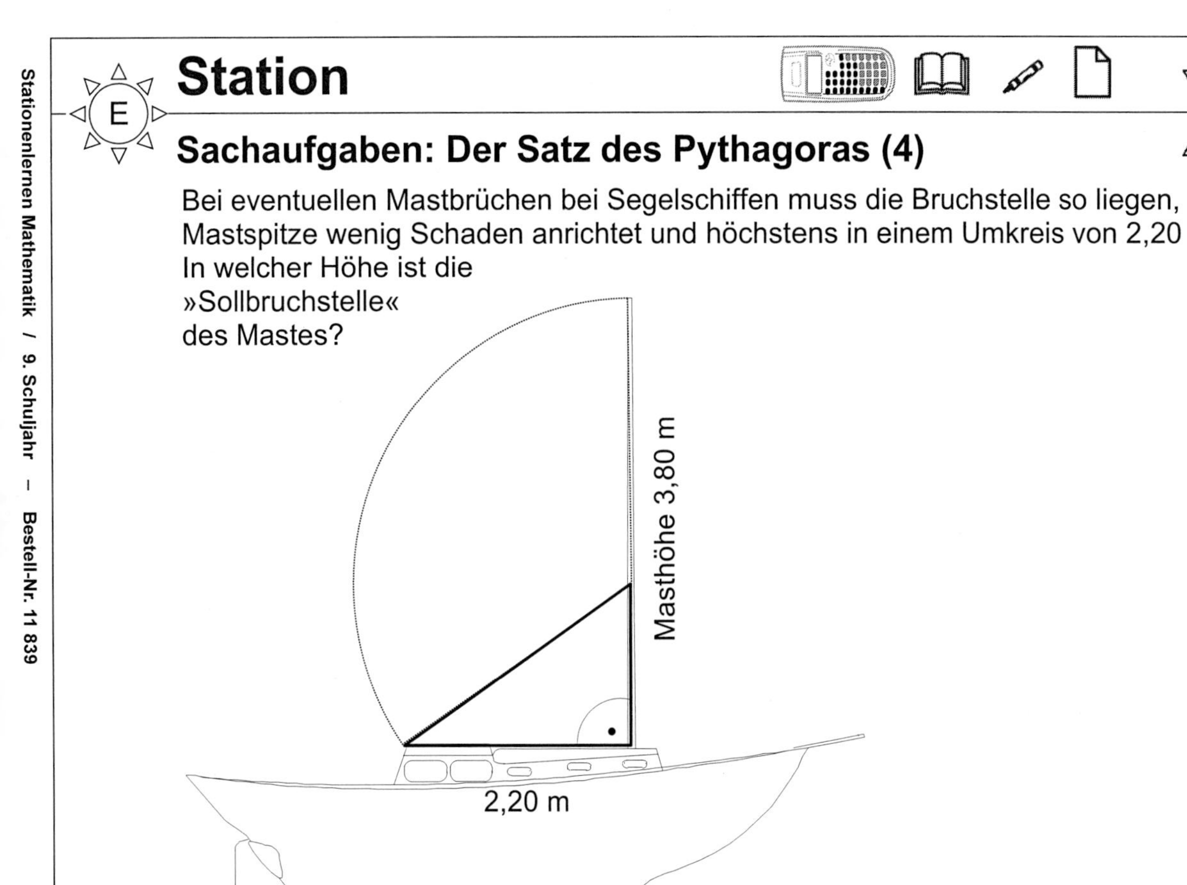

E

Station

Sachaufgaben: Der Satz des Pythagoras (4)

Bei eventuellen Mastbrüchen bei Segelschiffen muss die Bruchstelle so liegen, dass die Mastspitze wenig Schaden anrichtet und höchstens in einem Umkreis von 2,20 m fällt. In welcher Höhe ist die »Sollbruchstelle« des Mastes?

Stationenlernen Mathematik / 9. Schuljahr – Bestell-Nr. 11 839

E

Station

Sachaufgaben: Der Satz des Pythagoras (5)

Ein Schilfrohr ragt 5 m vom Ufer eines Teiches entfernt einen Meter über die Wasseroberfläche empor. Zieht man die Spitze ans Ufer, so berührt sie gerade den Wasserspiegel. Wie tief ist der Teich?

5 m

1 m

Station

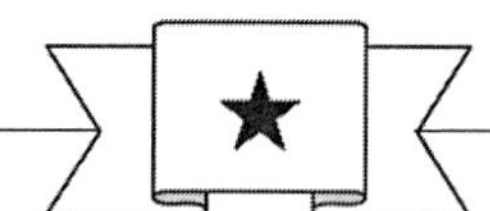

Sachaufgaben: Der Satz des Pythagoras (4)

Bei eventuellen Mastbrüchen bei Segelschiffen muss die Bruchstelle so liegen, dass die Mastspitze wenig Schaden anrichtet und höchstens in einem Umkreis von 2,20 m fällt. In welcher Höhe ist die »Sollbruchstelle« des Mastes?

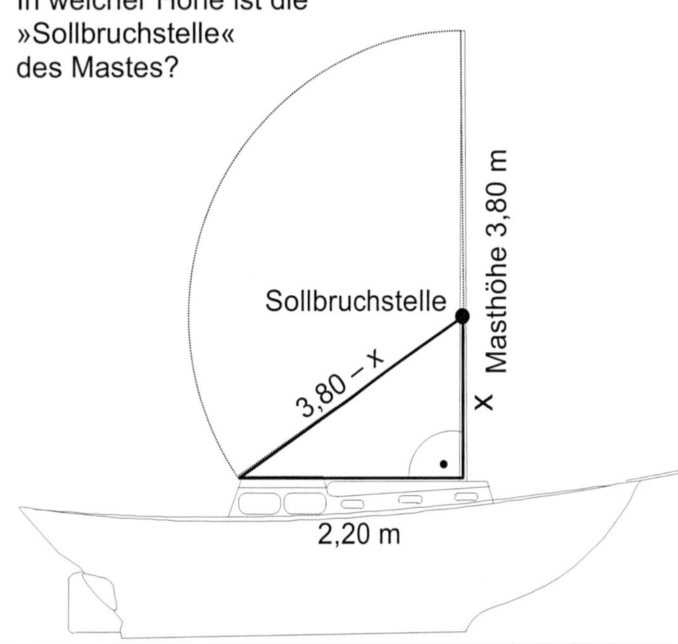

$$(3{,}80 - x)^2 - x^2 = 2{,}20^2$$
$$14{,}44 - 7{,}6x + x^2 - x^2 = 4{,}84$$
$$14{,}44 - 7{,}6x = 4{,}84$$
$$-7{,}6x = -9{,}6$$
$$x \approx 1{,}26$$

Die Sollbruchstelle liegt in einer Höhe von 1,26 m.

Station

Sachaufgaben: Der Satz des Pythagoras (5)

Ein Schilfrohr ragt 5 m vom Ufer eines Teiches entfernt einen Meter über die Wasseroberfläche empor. Zieht man die Spitze ans Ufer, so berührt sie gerade den Wasserspiegel. Wie tief ist der Teich?

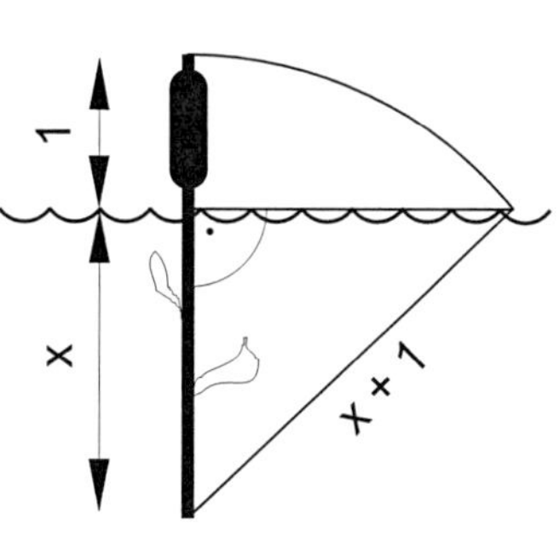

Tiefe des Teiches: x

$$(x + 1)^2 - 5^2 = x^2$$
$$x^2 + 2x + 1 - 25 = x^2$$
$$2x = 24$$
$$x = 12$$

Der Teich ist 12 m tief.

Station

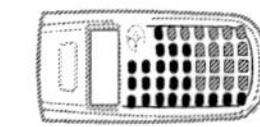  

Sachaufgaben: Der Satz des Pythagoras (6)

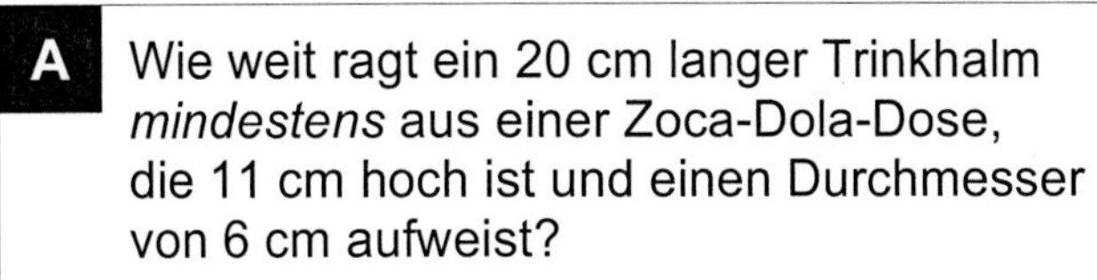

A Wie weit ragt ein 20 cm langer Trinkhalm *mindestens* aus einer Zoca-Dola-Dose, die 11 cm hoch ist und einen Durchmesser von 6 cm aufweist?

B Ein Oktaeder wird von acht gleichseitigen Dreiecken begrenzt. Alle Kanten sind 6 cm lang. Berechne die Oberfläche des Oktaeders.

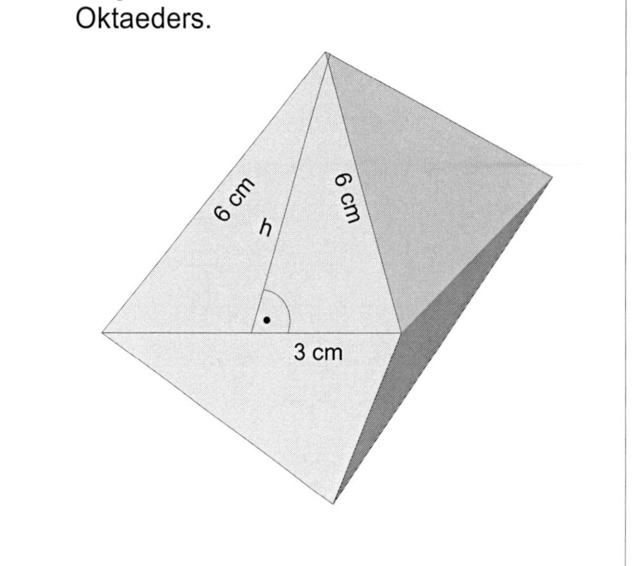

Stationenlernen Mathematik / 9. Schuljahr – Bestell-Nr. 11 839

Station

Rund um π

Die Geschichte der Zahl π ist schon spannend. Ludolph van Ceulen (1540 - 1610), ein flämischer Mathematiker und Fechtmeister, der seit 1600 Professor an der Militärschule in Leiden war, benutzte ein Vieleck mit mehr als 32 000 000 000 Ecken, um π mit 3,14159 26535 89793 23846 26433 83279 50288 anzunähern. Diesen Wert ließ er sich sogar auf seinem Grabstein einmeißeln. Wofür braucht man diese Zahl? Immer dann, wenn Kreise »ins Spiel kommen« und man den Umfang oder den Flächeninhalt dieser Kreise berechnen will, taucht π auf.

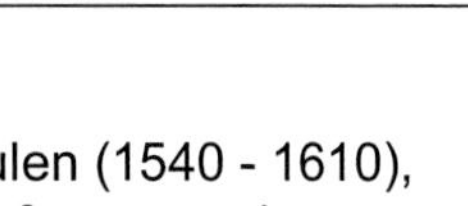

M Mittelpunkt des Kreises
d Durchmesser
r Radius

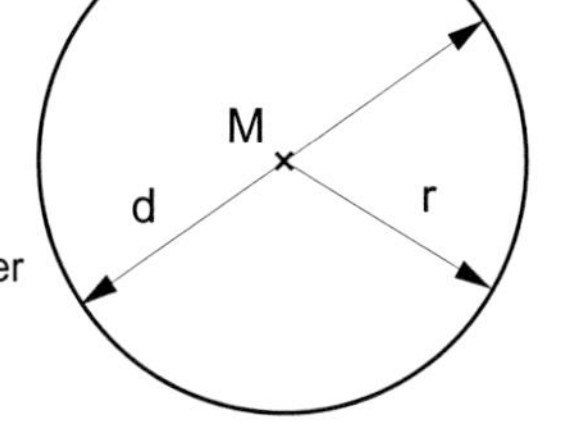

u (Umfang$_{Kreis}$) $= 2 \cdot \pi \cdot r$ oder $u = \pi \cdot d$

A (Flächeninhalt$_{Kreis}$) $= \pi \cdot r^2$ oder $A = \frac{\pi \cdot d^2}{4}$

Bestimmt einmal mit Hilfe des Taschenrechners, mit welchem Wert diese Mathematiker früher rechneten.

Platon (427 - 347 v. Chr.) $\pi \approx \sqrt{2} + \sqrt{3}$			Fibonacci (1200 n. Chr.) $\pi \approx 3\frac{39}{275}$	
Archimedes (287 - 312 v. Chr.) $\pi \approx \frac{22}{7}$			Vieta (1540 - 1603) $\pi \approx 1{,}8 + \sqrt{1{,}8}$	
Ptolemäus um 140 n. Chr. $\pi \approx 3\frac{17}{120}$			Tycho Brahe (um 1580) $\pi \approx \frac{88}{\sqrt{785}}$	
Tsu Ch´ung-Chih (430 - 501) $\pi \approx \frac{355}{113}$			Simone Duchesne (um 1583) $\pi \approx \left[\frac{39}{22}\right]^2$	
Brahmagupta (600 n. Chr.) $\pi \approx \sqrt{10}$			Ramanujan (um 1914) $\pi \approx \sqrt{\sqrt{\frac{2143}{22}}}$	

Station

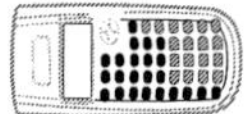   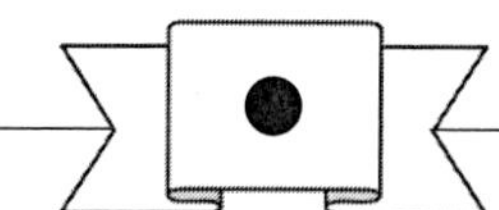

E

Sachaufgaben: Der Satz des Pythagoras (6)

A Wie weit ragt ein 20 cm langer Trinkhalm *mindestens* aus einer Zoca-Dola-Dose, die 11 cm hoch ist und einen Durchmesser von 6 cm aufweist?

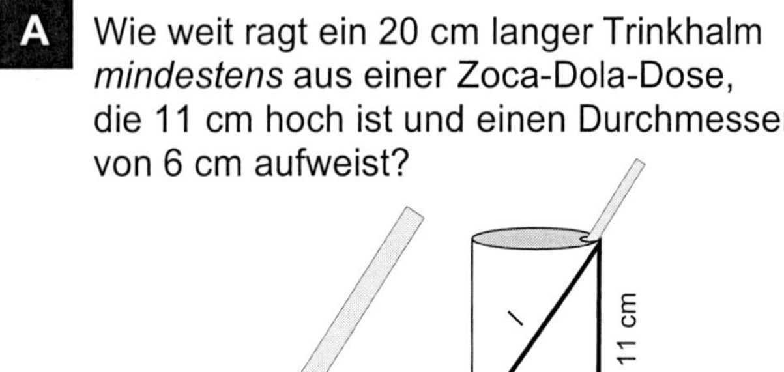

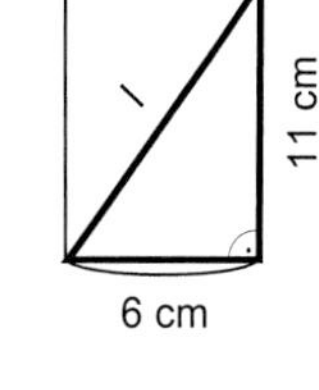

$l = \sqrt{11^2 + 6^2}$

$l = \sqrt{157}$

$l \approx 12{,}5$

Der Trinkhalm ragt mindestens 7,5 cm aus der Zoca-Dola-Dose heraus.

B Ein Oktaeder wird von acht gleichseitigen Dreiecken begrenzt. Alle Kanten sind 6 cm lang. Berechne die Oberfläche des Oktaeders.

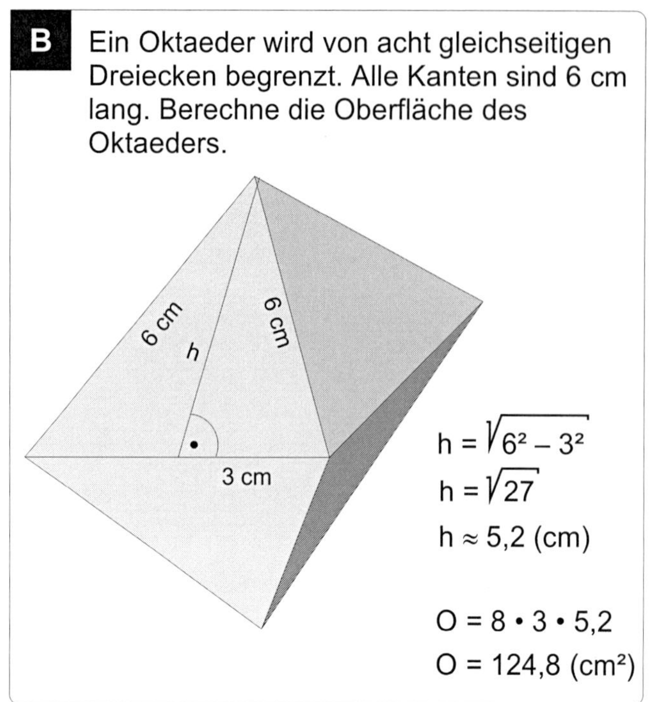

$h = \sqrt{6^2 - 3^2}$

$h = \sqrt{27}$

$h \approx 5{,}2$ (cm)

$O = 8 \cdot 3 \cdot 5{,}2$

$O = 124{,}8$ (cm²)

Station

P

Rund um π

Die Geschichte der Zahl π ist schon spannend. Ludolph van Ceulen (1540 - 1610), ein flämischer Mathematiker und Fechtmeister, der seit 1600 Professor an der Militärschule in Leiden war, benutzte ein Vieleck mit mehr als 32 000 000 000 Ecken, um π mit 3,14159 26535 89793 23846 26433 83279 50288 anzunähern. Diesen Wert ließ er sich sogar auf seinem Grabstein einmeißeln. Wofür braucht man diese Zahl? Immer dann, wenn Kreise »ins Spiel kommen« und man den Umfang oder den Flächeninhalt dieser Kreise berechnen will, taucht π auf.

M Mittelpunkt des Kreises
d Durchmesser
r Radius

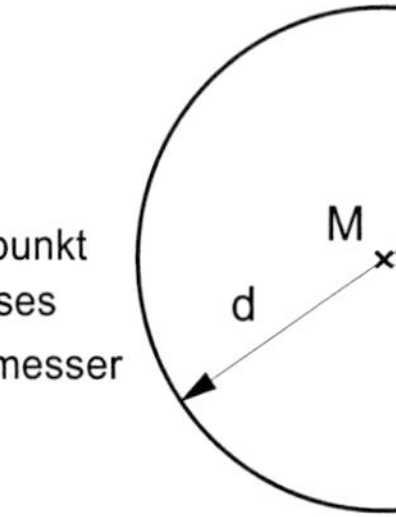

u (Umfang$_{Kreis}$) $= 2 \cdot \pi \cdot r$ oder $u = \pi \cdot d$

A (Flächeninhalt$_{Kreis}$) $= \pi \cdot r^2$ oder $A = \frac{\pi \cdot d^2}{4}$

Bestimmt einmal mit Hilfe des Taschenrechners, mit welchem Wert diese Mathematiker früher rechneten.

Platon (427 - 347 v. Chr.)	$\pi \approx \sqrt{2} + \sqrt{3}$	3,14626437
Archimedes (287 - 312 v. Chr.)	$\pi \approx \frac{22}{7}$	3,142857143
Ptolemäus um 140 n. Chr.	$\pi \approx 3\frac{17}{120}$	3,141666667
Tsu Ch´ung-Chih (430 - 501)	$\pi \approx \frac{355}{113}$	3,14159292
Brahmagupta (600 n. Chr.)	$\pi \approx \sqrt{10}$	3,16227766
Fibonacci (1200 n. Chr.)	$\pi \approx 3\frac{39}{275}$	3,141818182
Vieta (1540 - 1603)	$\pi \approx 1{,}8 + \sqrt{1{,}8}$	3,141640786
Tycho Brahe (um 1580)	$\pi \approx \frac{88}{\sqrt{785}}$	3,140854685
Simone Duchesne (um 1583)	$\pi \approx \left[\frac{39}{22}\right]^2$	3,142561983
Ramanujan (um 1914)	$\pi \approx \sqrt{\sqrt{\frac{2143}{22}}}$	3,141592653

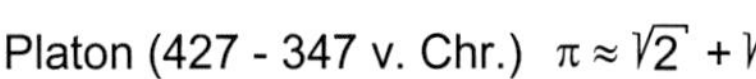

Stationenlernen Mathematik / 9. Schuljahr – Bestell-Nr. 11 839

E

Station

Sachaufgaben: Berechnungen am Kreis (1)

Berechne den Flächeninhalt.

A

32 m
32 m
18 m

B

15 m
32 m

C

15 m
15 m

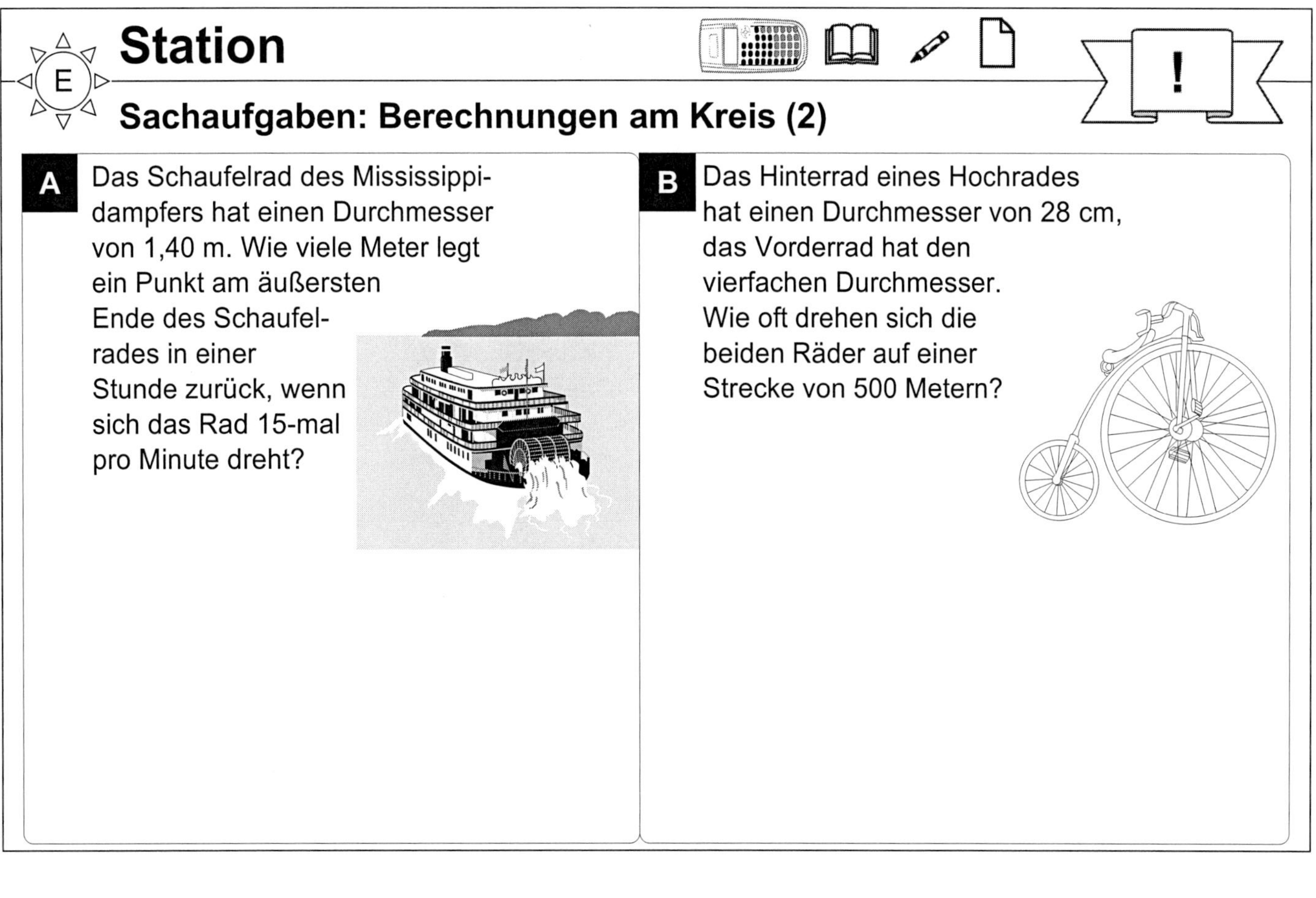

E

Station

Sachaufgaben: Berechnungen am Kreis (2)

!

A Das Schaufelrad des Mississippidampfers hat einen Durchmesser von 1,40 m. Wie viele Meter legt ein Punkt am äußersten Ende des Schaufelrades in einer Stunde zurück, wenn sich das Rad 15-mal pro Minute dreht?

B Das Hinterrad eines Hochrades hat einen Durchmesser von 28 cm, das Vorderrad hat den vierfachen Durchmesser. Wie oft drehen sich die beiden Räder auf einer Strecke von 500 Metern?

Stationenlernen Mathematik / 9. Schuljahr – Bestell-Nr. 11 839

Station E

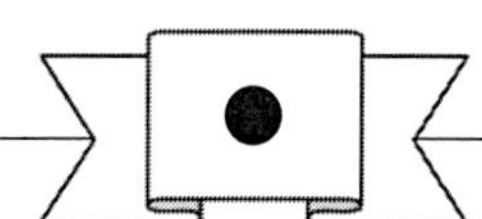

Sachaufgaben: Berechnungen am Kreis (1)

Berechne den Flächeninhalt.

A

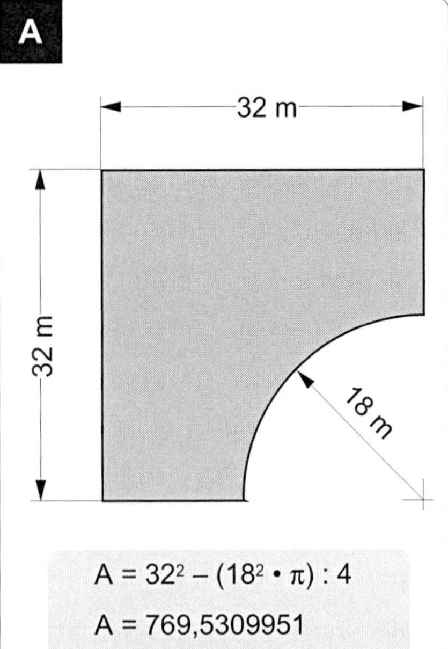

$A = 32^2 - (18^2 \cdot \pi) : 4$

$A = 769{,}5309951$

$A = 769{,}53\ m^2$

B

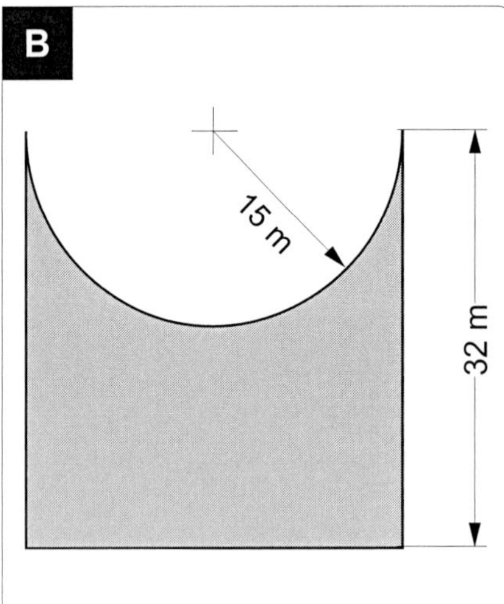

$A = 32 \cdot 30 - (15^2 \cdot \pi) : 2$

$A = 606{,}5708265$

$A = 606{,}57\ m^2$

C

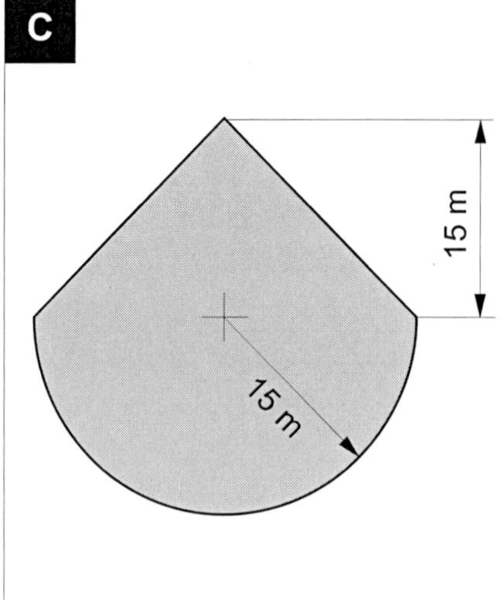

$A = 0{,}5 \cdot 30 \cdot 15 - (15^2 \cdot \pi) : 2$

$A = 578{,}4291735$

$A = 578{,}43\ m^2$

Stationenlernen Mathematik / 9. Schuljahr – Bestell-Nr. 11 839

Station E

Sachaufgaben: Berechnungen am Kreis (2)

A Das Schaufelrad des Mississippi-dampfers hat einen Durchmesser von 1,40 m. Wie viele Meter legt ein Punkt am äußersten Ende des Schaufelrades in einer Stunde zurück, wenn sich das Rad 15-mal pro Minute dreht?

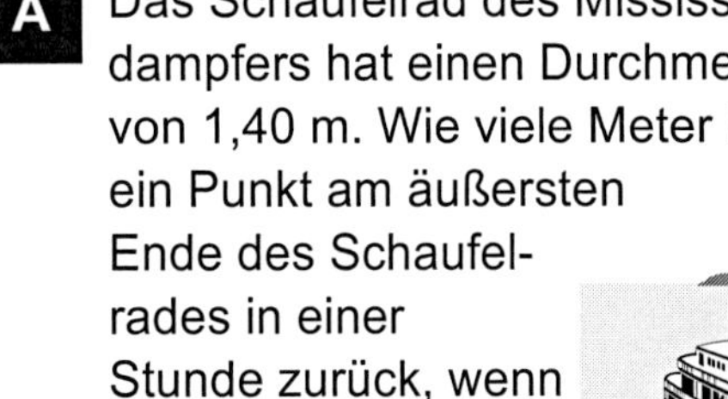
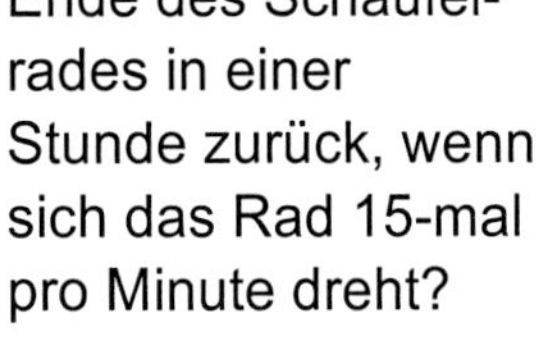

$u_{Schaufelrad} = d \cdot \pi$

$u_{Schaufelrad} = 1{,}40 \cdot \pi$

$u_{Schaufelrad} = 4{,}398\ (m)$

$Weg_{Schaufelrad} = 4{,}398 \cdot 15 \cdot 60$

$Weg_{Schaufelrad} = 3958{,}2\ (m)$

Der Punkt legt einen Weg von 3,958 km zurück.

B Das Hinterrad eines Hochrades hat einen Durchmesser von 28 cm, das Vorderrad hat den vierfachen Durchmesser. Wie oft drehen sich die beiden Räder auf einer Strecke von 500 Metern?

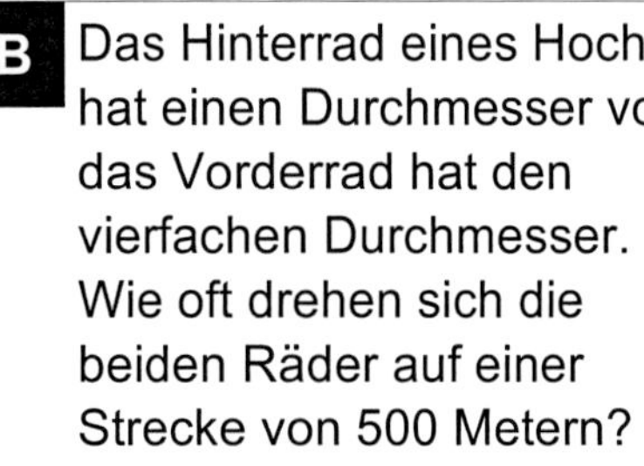

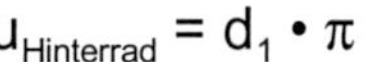

$u_{Hinterrad} = d_1 \cdot \pi$

$u_{Hinterrad} = 28 \cdot \pi$

$u_{Hinterrad} = 87{,}96\ (cm)$

$50000\ (cm) : 87{,}96\ (cm) = 568{,}44$

Das Hinterrad dreht sich 568 mal.

$u_{Vorderrad} = d_2 \cdot \pi$

$u_{Vorderrad} = 112 \cdot \pi$

$u_{Vorderrad} = 351{,}86\ (cm)$

$50000\ (cm) : 351{,}86\ (cm) = 142{,}10$

Das Vorderrad dreht sich 142 mal.

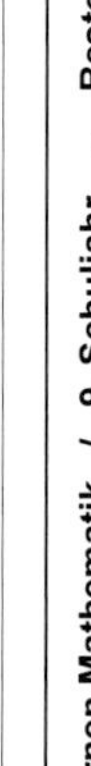
Stationenlernen Mathematik / 9. Schuljahr – Bestell-Nr. 11 839

E

Station

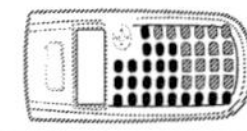

Sachaufgaben: Berechnungen am Kreis (3)

A Wie oft drehen sich die Räder einer Stagecoach bei einer Geschwindigkeit von 25,2 km/h in einer Minute, wenn der Durchmesser des großen Rades mit 1,50 m und des kleinen Rades mit 1,20 mgemessen wird?

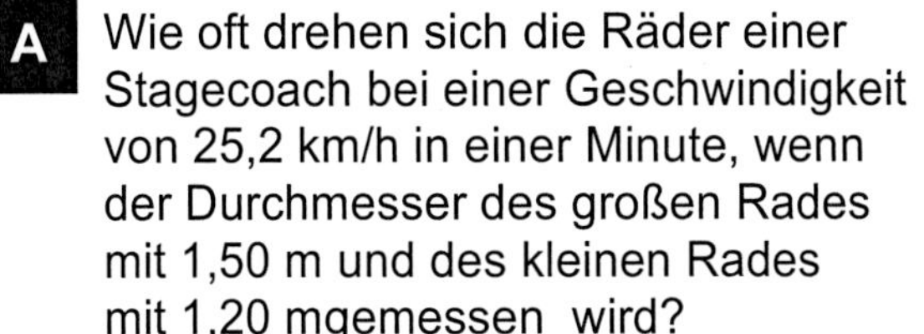
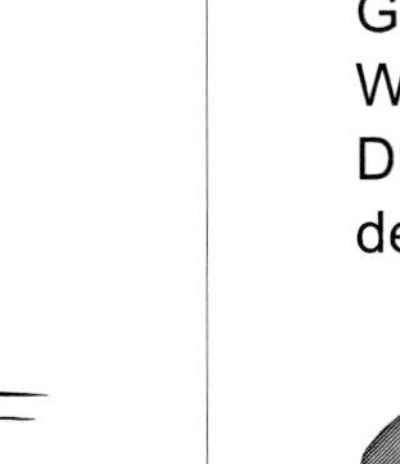

B Der Baumstammfläche, die Holzfäller Jack Lumber da zersägte, hatte eine Größe von 0,85 m^2.
Wie groß war der Durchmesser des Stammes?

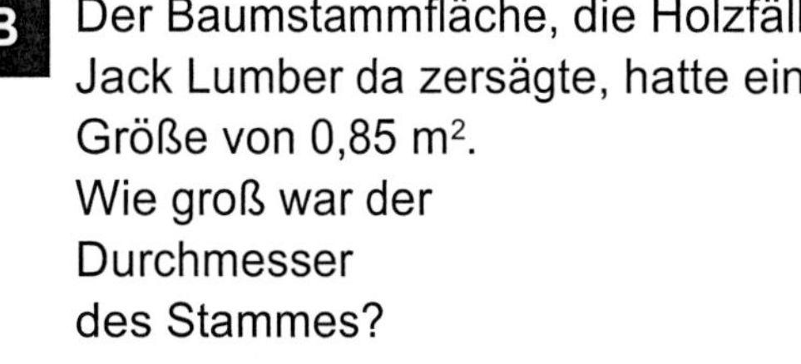

Stationenlernen Mathematik / 9. Schuljahr – Bestell-Nr. 11 839

P

Station

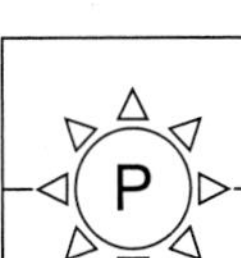

Sachaufgaben: Berechnungen am Kreis (4)

A Ein Rettungshubschrauber hat einen Einsatzradius von 65 km. Wie groß ist das Gebiet in ha, in dem sein Einsatz erfolgen kann?

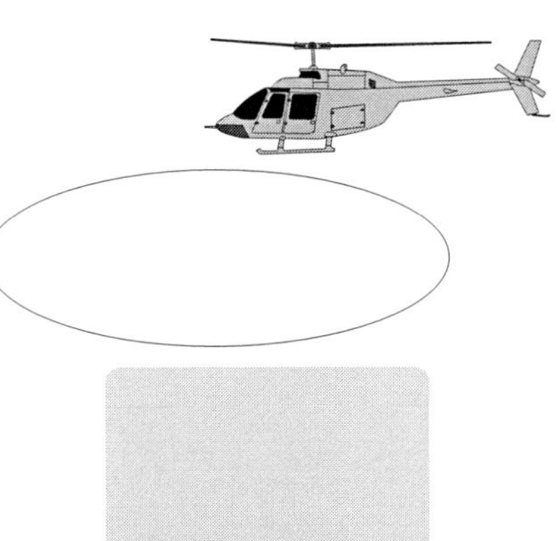

B In 200 km Entfernung umkreist eine Raumstation die Erde (Erdradius 6370 km).
Für einen Durchlauf braucht die Station 88 Minuten. Berechnet die Länge der Umlaufbahn und die Geschwindigkeit der Raumstation.

C Gärtner Greenthumb soll ein kreisförmiges Beet mit einem Durchmesser von d = 6 m mit Tulpen bepflanzen.
Wie viele Tulpen benötigt er, wenn eine Tulpe eine Fläche von 150 cm^2 beansprucht?

E

Station

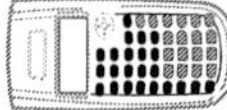  

Sachaufgaben: Berechnungen am Kreis (3)

A Wie oft drehen sich die Räder einer Stagecoach bei einer Geschwindigkeit von 25,2 km/h in einer Minute, wenn der Durchmesser des großen Rades mit 1,50 m und des kleinen Rades mit 1,20 mgemessen wird?

$u_{kleines\ Rad} = 2 \cdot 0,60 \cdot \pi$

$u_{kleines\ Rad} = 3,77\ (m)$

$u_{großes\ Rad} = 2 \cdot 0,75 \cdot \pi$

$u_{großes\ Rad} = 4,712\ (m)$

25,2 km/h = 25200 m/h = 420 m/min

420 : 3,77 = 111,4

420 : 4,712 = 89,13

Das kleine Rad dreht sich ungefähr 111-mal, das große Rad 89-mal.

B Der Baumstammfläche, die Holzfäller Jack Lumber da zersägte, hatte eine Größe von 0,85 m².
Wie groß war der Durchmesser des Stammes?

$A_{Baumstamm} = r^2 \cdot \pi$

$r^2 = \frac{A_{Baumstamm}}{\pi}$

$r = \sqrt{\frac{A_{Baumstamm}}{\pi}}$

$r = \sqrt{\frac{0,85}{\pi}}$

$r = 0,52\ (m)$

Der Durchmesser des Baumstamms beträgt 1,04 m.

Stationenlernen Mathematik / 9. Schuljahr – Bestell-Nr. 11 839

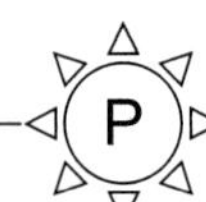

Station

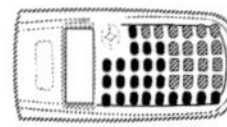  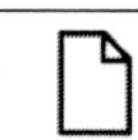

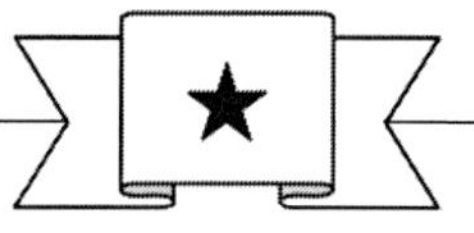

Sachaufgaben: Berechnungen am Kreis (4)

A

Ein Rettungshubschrauber hat einen Einsatzradius von 65 km. Wie groß ist das Gebiet in ha, in dem sein Einsatz erfolgen kann?

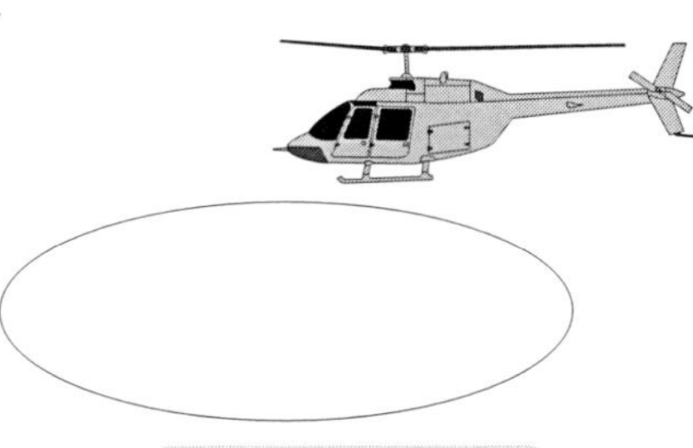

$A = r^2 \cdot \pi$

$A = 65^2 \cdot \pi$

$A = 65^2 \cdot \pi$

$A = 13273\ km^2$

$A = 1327323\ ha$

B

In 200 km Entfernung umkreist eine Raumstation die Erde (Erdradius 6370 km).
Für einen Durchlauf braucht die Station 88 Minuten. Berechnet die Länge der Umlaufbahn und die Geschwindigkeit der Raumstation.

$u_{Umlaufbahn} = 2 \cdot r \cdot \pi$

$u_{Umlaufbahn} = 2 \cdot 6570 \cdot \pi$

$u_{Umlaufbahn} = 41280,53\ km$

$v_{Raumstation} = (41280,53 : 88) \cdot 60$

$v_{Raumstation} = 28145,82\ \frac{km}{h}$

C

Gärtner Greenthumb soll ein kreisförmiges Beet mit einem Durchmesser von d = 6 m mit Tulpen bepflanzen.
Wie viele Tulpen benötigt er, wenn eine Tulpe eine Fläche von 150 cm² beansprucht?

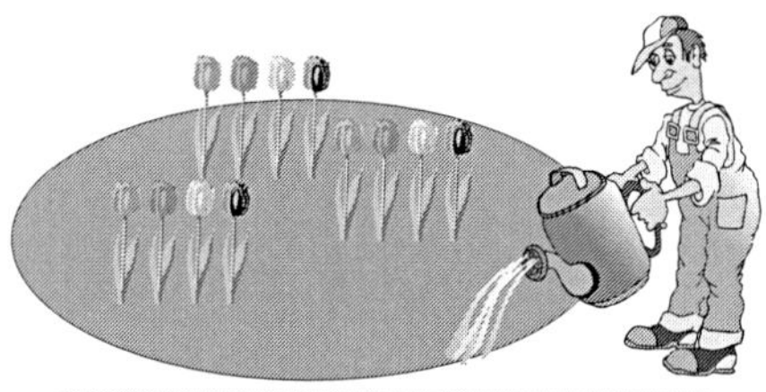

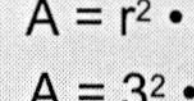

$A = r^2 \cdot \pi$

$A = 3^2 \cdot \pi$

$A = 28,27\ m^2 = 282700\ cm^2$

$282700\ cm^2 : 150\ cm^2 \approx 1885$

Er benötigt 1885 Tulpen

Stationenlernen Mathematik / 9. Schuljahr – Bestell-Nr. 11 839

Station

Volumen von Prismen (1)

Welche Prismen haben dasselbe Volumen?

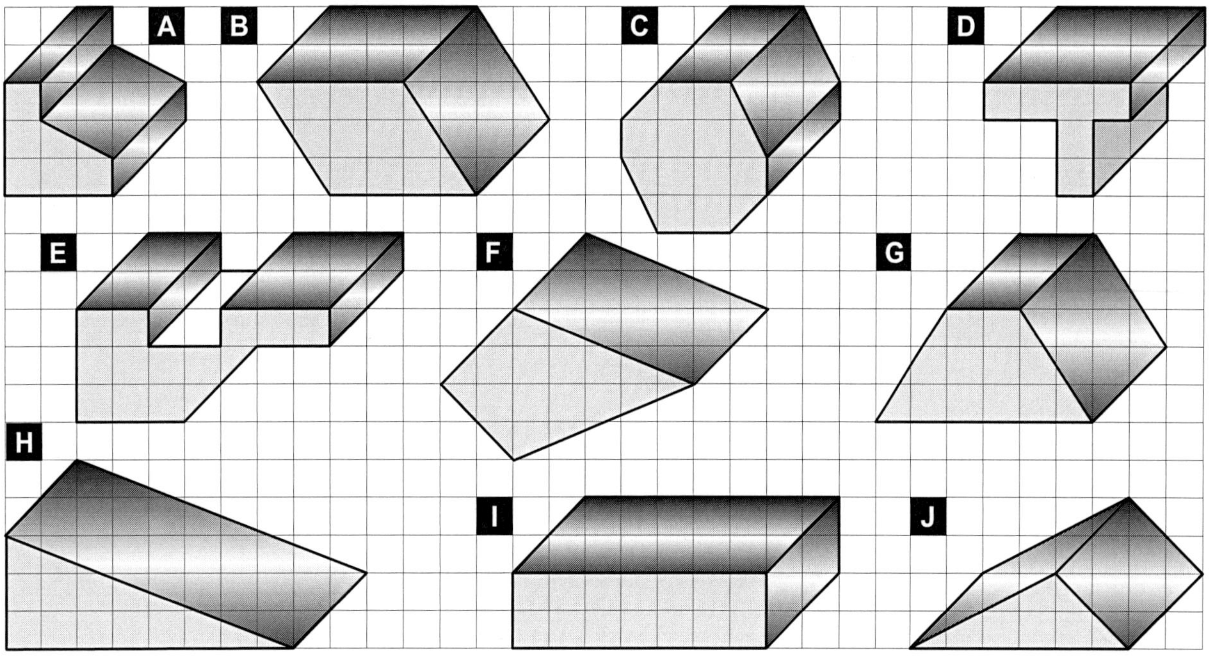

A B C D E F G H I J

Station

Volumen von Prismen (2)

Berechnet das Volumen der Körper in cm³.

A: 9 dm, 5 dm, 3 dm

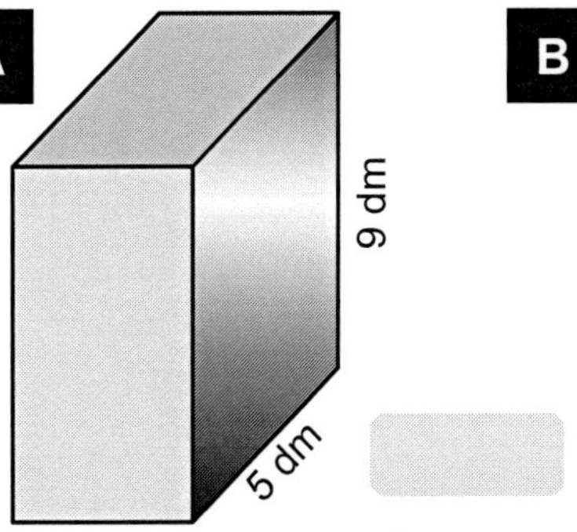

B: 8 cm, 8 cm, 8 cm

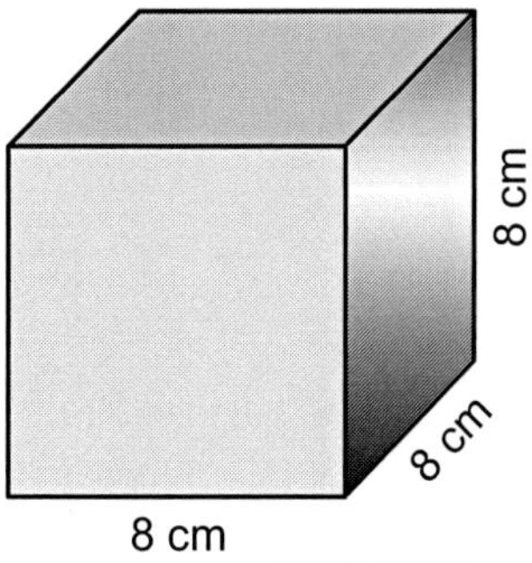

C: 8 cm, 5 cm, 7 cm, 9 cm, 14 cm

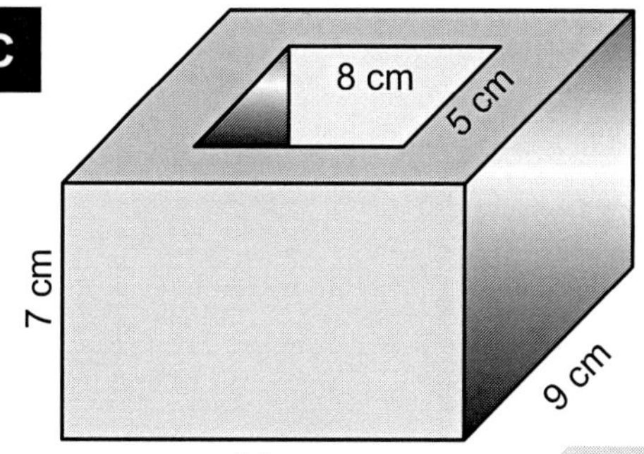

D: 3 cm, 6 cm, 3 cm, 3 cm, 3 cm, 6 cm, 3 cm

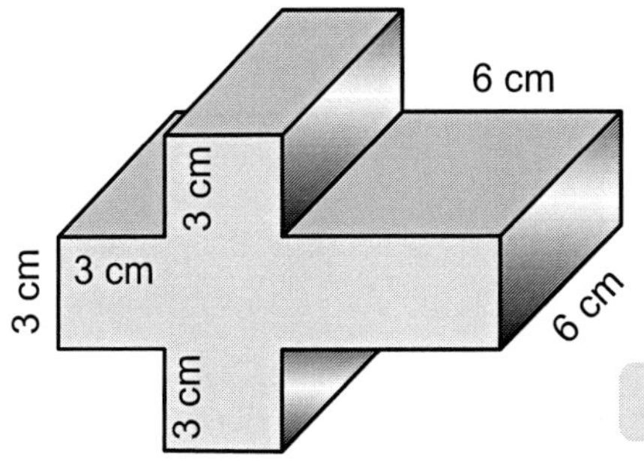

E: 5 cm, 9 cm, 2,5 cm, 3 cm, 2 cm, 3 cm

Stationenlernen Mathematik / 9. Schuljahr – Bestell-Nr. 11 839

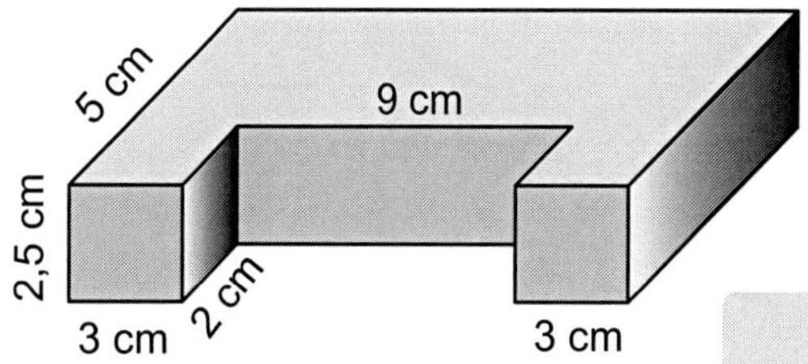

Station

Volumen von Prismen (1)

Welche Prismen haben dasselbe Volumen?

A B C D E F G H I J

A D J B G H C E F I sind jeweils volumengleich.

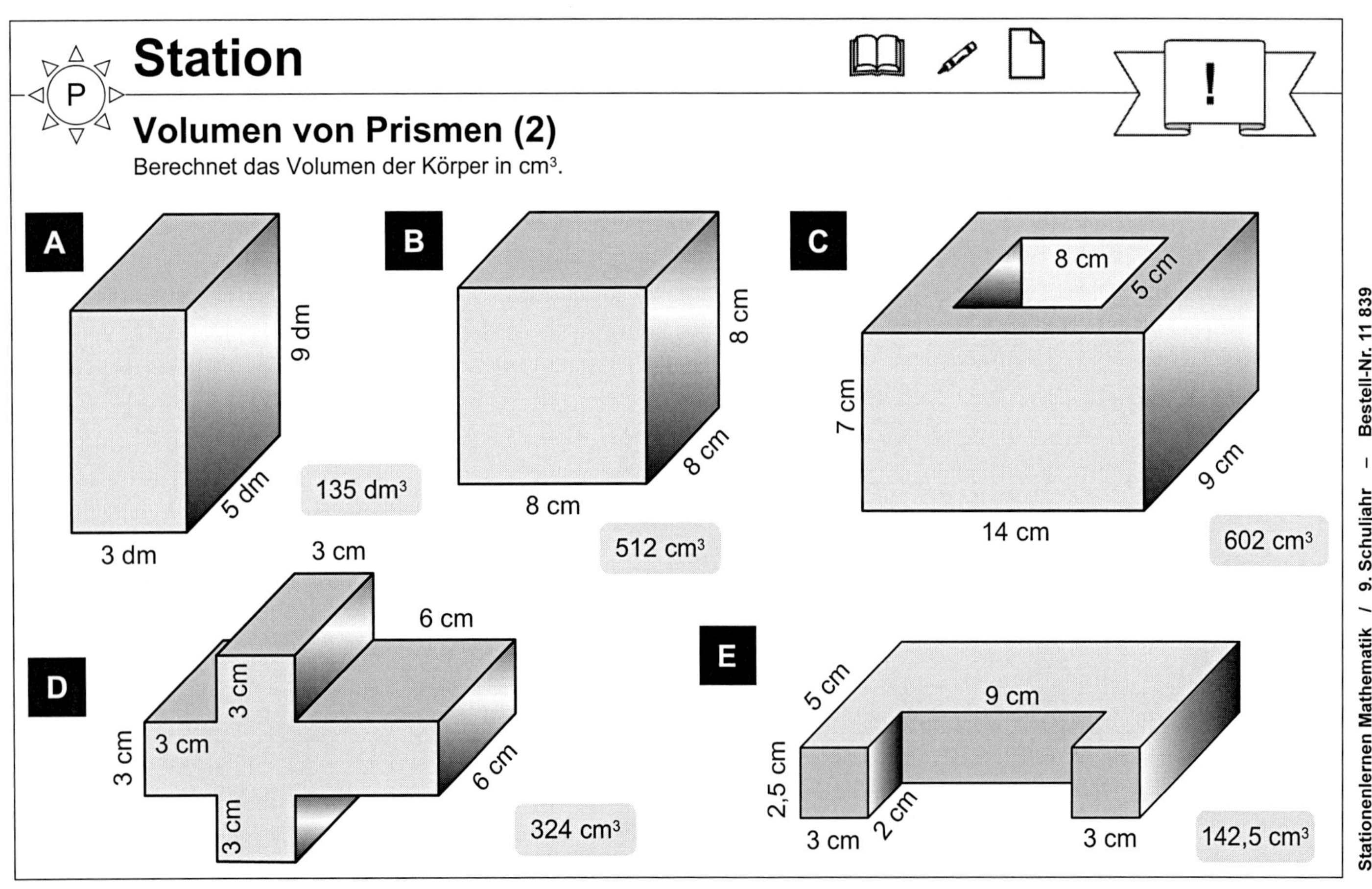

Station E

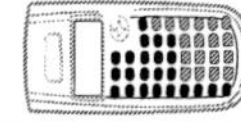

Sachaufgaben: Gerade Prismen (1)

A Von einem Prisma sind drei der fünf Größen u, h, G, M und O gegeben. Berechne die fehlenden Größen.

u	12 cm		20 m		280 m
h	8 cm	7 dm		1,4 m	
G	30 cm²	40 dm²	50 m²	1,12 m²	
M		105 dm²	150 m²		980 m²
O				8,68 m²	1520 m²

B Die Schaufel einer Planierraupe hat nebenstehende Seitenfläche und ist 3,20 m breit. Wie viel m³ Erde kann die Schaufel laden, wenn sie gestrichen voll ist?

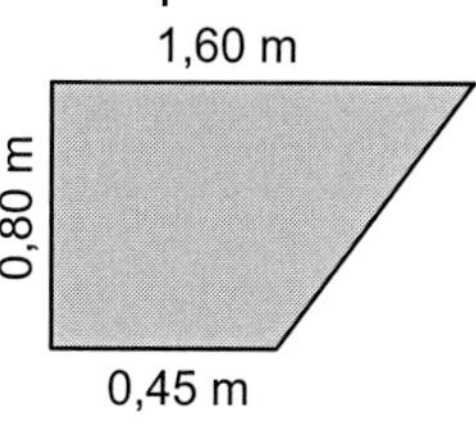

C Wie viele Liter Wasser fasst der abgebildete halbe Zylinder?

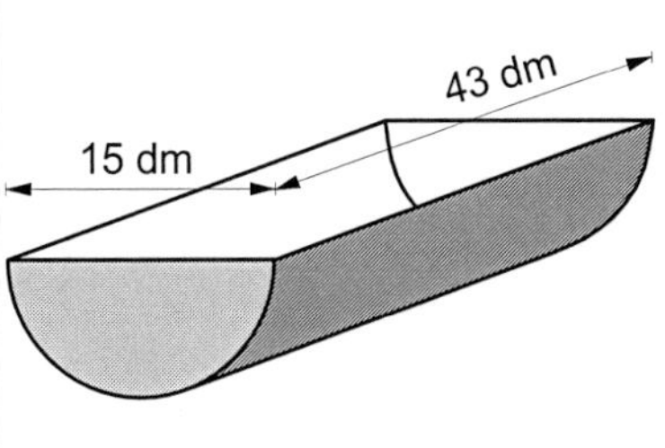

D Berechne das Volumen der Trapezsäule.

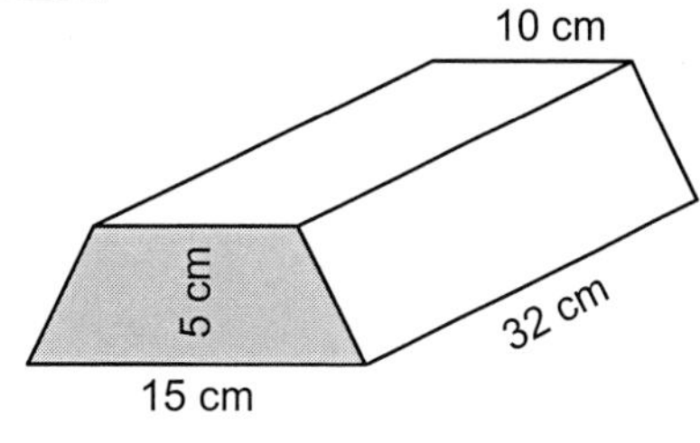

Stationenlernen Mathematik / 9. Schuljahr – Bestell-Nr. 11 839

Station E

Sachaufgaben: Gerade Prismen (2)

A Zur Beseitigung von Bauschutt werden Container benutzt, die 1,6 m breit sind und deren Seitenflächen wie abgebildet aussehen. Wie viel m³ Bauschutt fasst solch ein Container?

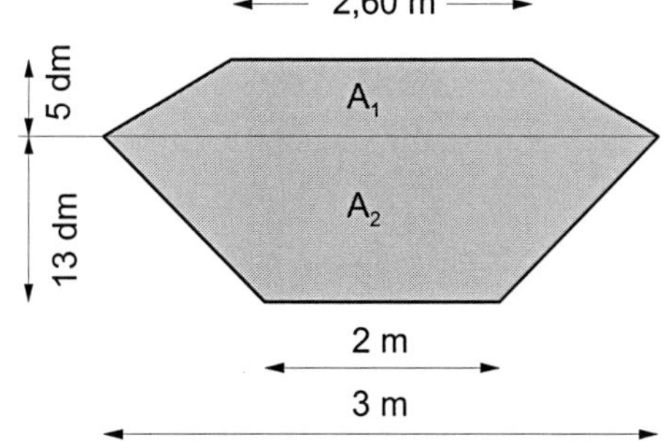

B Berechne die Oberfläche und das Volumen einer regelmäßigen sechseckigen Säule mit der Grundkante a = 6 cm und $h_{Körper}$ = 60 cm.

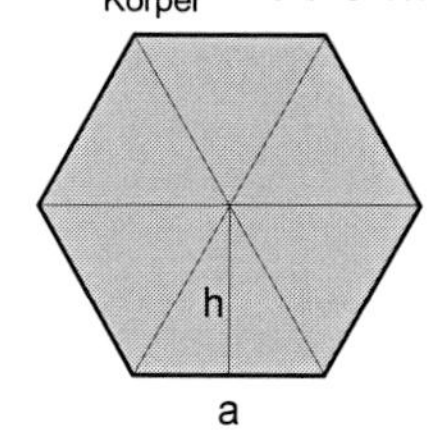

C Eine dreieckige Säule hat ein rechtwinkliges Dreieck mit den Katheten a = 6 cm und b = 8 cm als Grundfläche und eine Höhe von 40 cm.
Berechne die Oberfläche und das Volumen.

Station

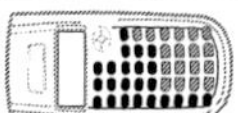   

Sachaufgaben: Gerade Prismen (1)

A Von einem Prisma sind drei der fünf Größen u, h, G, M und O gegeben. Berechne die fehlenden Größen.

u	12 cm	**15 dm**	20 m	**4,6 m**	280 m
h	8 cm	7 dm	**7,5 m**	1,4 m	**3,5 m**
G	30 cm²	40 dm²	50 m²	1,12 m²	**270 m²**
M	**96 cm²**	105 dm²	150 m²	**6,44 m²**	980 m²
O	**156 cm²**	**185 dm²**	**250 m²**	8,68 m²	1520 m²

B Die Schaufel einer Planierraupe hat nebenstehende Seitenfläche und ist 3,20 m breit. Wie viel m³ Erde kann die Schaufel laden, wenn sie gestrichen voll ist?

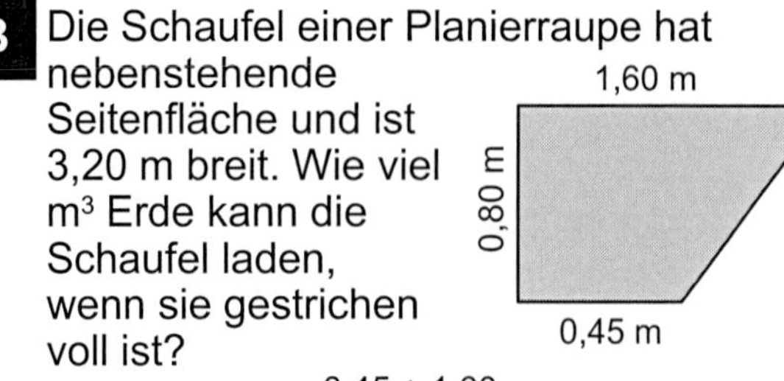

$V = \frac{0,45 + 1,60}{2} \cdot 0,8 \cdot 3,2 = 2,624$

Die Schaufel fasst 2,6 m³ Erde.

C Wie viele Liter Wasser fasst der abgebildete halbe Zylinder?

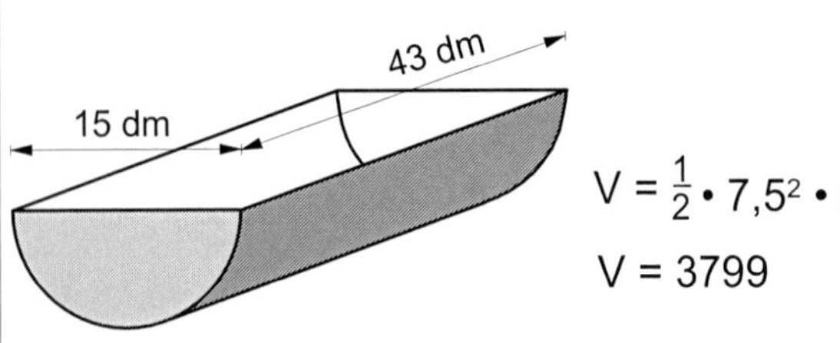

$V = \frac{1}{2} \cdot 7,5^2 \cdot \pi \cdot 43$

$V = 3799$

Der halbe Zylinder fasst 3800 l.

D Berechne das Volumen der Trapezsäule.

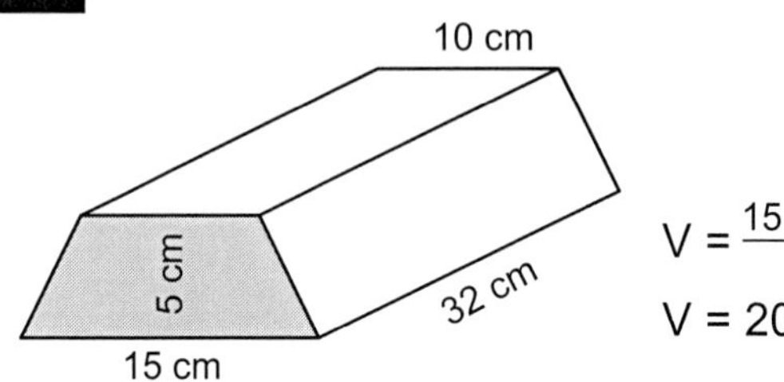

$V = \frac{15 + 10}{2} \cdot 5 \cdot 32$

$V = 2000$

Das Volumen beträgt 2000 cm³.

Station

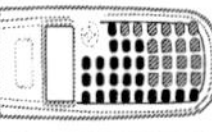  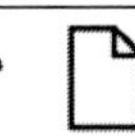 

Sachaufgaben: Gerade Prismen (2)

A Zur Beseitigung von Bauschutt werden Container benutzt, die 1,6 m breit sind und deren Seitenflächen wie abgebildet aussehen. Wie viel m³ Bauschutt fasst solch ein Container?

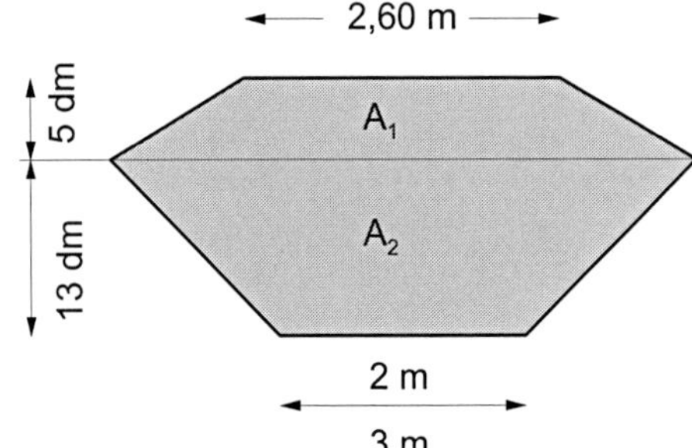

$A = A_1 + A_2$

$A_1 = \frac{2,60 + 3}{2} \cdot 0,5$

$A_1 = 1,4$

$A_2 = \frac{3 + 2}{2} \cdot 1,3$

$A_2 = 3,25$

$V = (A_1 + A_2) \cdot h_{Körper}$

$V = (1,4 + 3,25) \cdot 1,6$

$V = 7,44$ Der Container fasst 7,44 m³ Bauschutt.

B Berechne die Oberfläche und das Volumen einer regelmäßigen sechseckigen Säule mit der Grundkante a = 6 cm und $h_{Körper}$ = 60 cm.

$h = \sqrt{6^2 - 3^2} = 5,2$ cm

$A_{regelmäßiges\ Sechseck} = 6 \cdot 3 \cdot 5,2$

$A_{regelmäßiges\ Sechseck} = 93,6$ cm²

$O = 2 \cdot 93,6 + 6 \cdot 6 \cdot 60 = 2347,2$ cm²

$V = 93,6 \cdot 60 = 5616$ cm³

C Eine dreieckige Säule hat ein rechtwinkliges Dreieck mit den Katheten a = 6 cm und b = 8 cm als Grundfläche und eine Höhe von 40 cm.
Berechne die Oberfläche und das Volumen.

$V = \frac{1}{2} \cdot 6 \cdot 8 \cdot 40 = 960$ cm³

$c = \sqrt{6^2 + 8^2} = 10$ cm

$O = 2 \cdot \frac{1}{2} \cdot 6 \cdot 8 + (6 + 8 + 10) \cdot 40 = 1008$ cm²

Stationenlernen Mathematik / 9. Schuljahr – Bestell-Nr. 11 839

Station

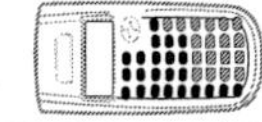 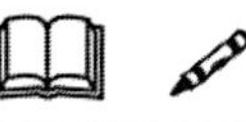  

Sachaufgaben: Gerade Prismen (3)

A Berechnet die fehlenden Größen eines Zylinders. Rundet eure Ergebnisse bei Mantel, Oberfläche und Volumen auf eine Nachkommastelle.

Radius r	2 dm			7 cm	5 mm	
Durchmesser d						
Höhe h	5 dm	6 m	21 mm		12 mm	3,4 dm
Mantel M		150,8 m²				
Oberfläche O						
Volumen V			5343,8 mm³	846,7 cm³		683,6 dm³

B Das Prisma hat eine Höhe von 20 cm und die abgebildete Grundfläche. Berechnet die Oberfläche und das Volumen.

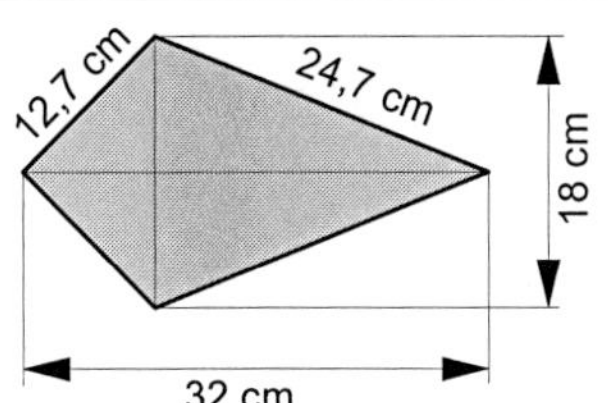

C Berechnet die Oberfläche und das Volumen einer (gleichschenkligen) Trapezsäule mit a = 32 cm, c = 24 cm, h_{Trapez} = 12 cm, $h_{Körper}$ = 70 cm.

Stationenlernen Mathematik / 9. Schuljahr – Bestell-Nr. 11 839

Station

Sachaufgaben: Gerade Prismen (4)

Berechnet die fehlenden Angaben des Zylinders. Rundet die Ergebnisse auf zwei Nachkommastellen.

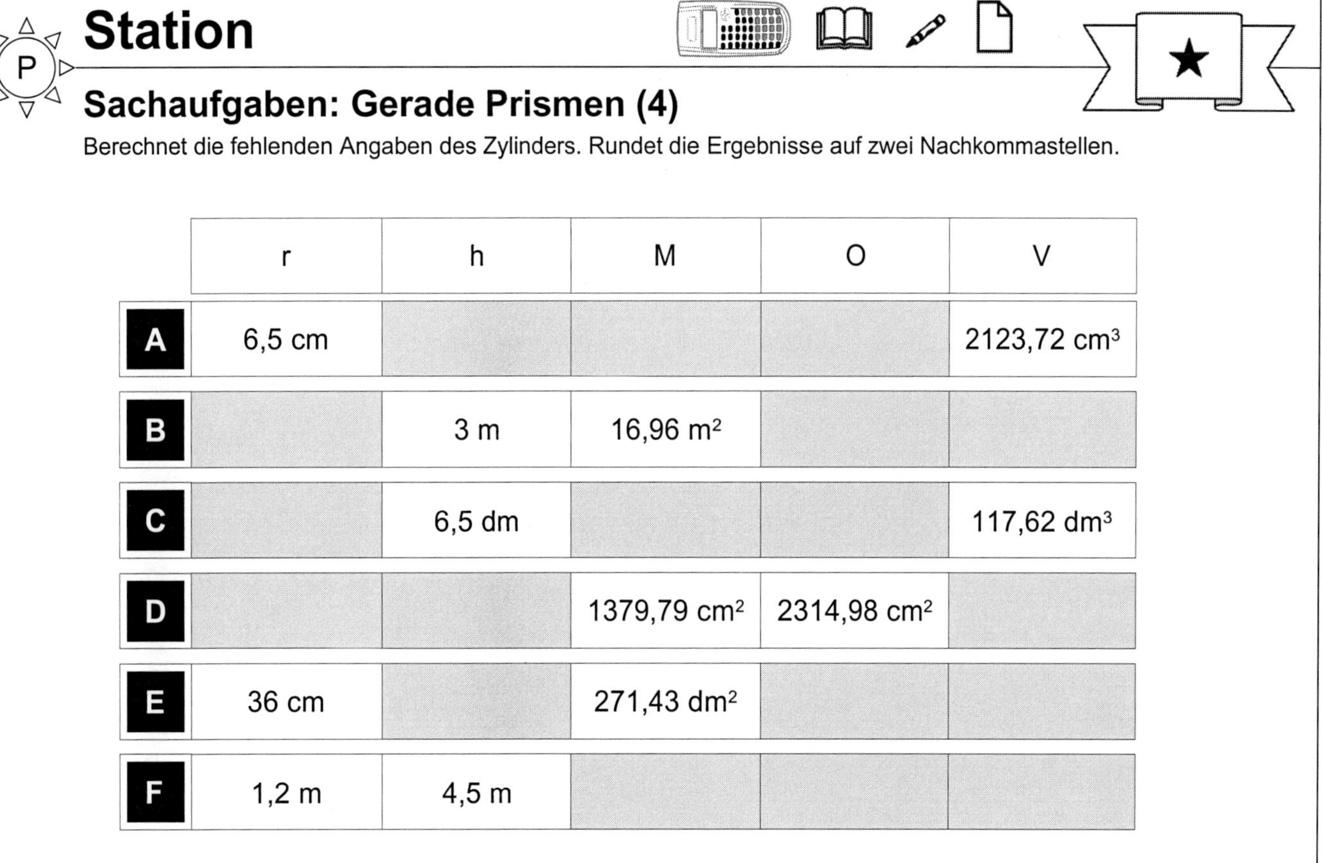

	r	h	M	O	V
A	6,5 cm				2123,72 cm³
B		3 m	16,96 m²		
C		6,5 dm			117,62 dm³
D			1379,79 cm²	2314,98 cm²	
E	36 cm		271,43 dm²		
F	1,2 m	4,5 m			

Station

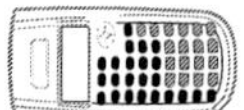

Sachaufgaben: Gerade Prismen (3)

A Berechnet die fehlenden Größen eines Zylinders. Rundet eure Ergebnisse bei Mantel, Oberfläche und Volumen auf eine Nachkommastelle.

Radius r	2 dm	**4 m**	**9 mm**	7 cm	5 mm	**8 dm**
Durchmesser d	**4 dm**	**8 m**	**18 mm**	**14 cm**	**10 mm**	**16 dm**
Höhe h	5 dm	6 m	21 mm	**5,5 cm**	12 mm	3,4 dm
Mantel M	**62,8 dm²**	150,8 m²	**1187,5 mm²**	**241,9 cm²**	**377,0 cm²**	**170,9 dm²**
Oberfläche O	**88,0 dm²**	**251,3 m²**	**1696,5 mm²**	**549,8 cm²**	**534,1 cm²**	**573,0 dm²**
Volumen V	**62,8 dm³**	**301,6 m³**	5343,8 mm³	846,7 cm³	**942,5 mm³**	683,6 dm³

B Das Prisma hat eine Höhe von 20 cm und die abgebildete Grundfläche. Berechnet die Oberfläche und das Volumen.

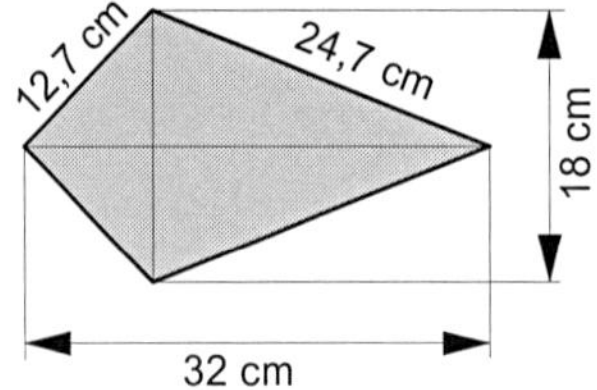

$V = \frac{32 \cdot 18}{2} \cdot 20 = 5760\ cm^3$

$O = \frac{32 \cdot 18}{2} \cdot 2 + 2 \cdot (12,7 + 24,7) \cdot 20$

$O = 2072\ cm^2$

C Berechnet die Oberfläche und das Volumen einer (gleichschenkligen) Trapezsäule mit a = 32 cm, c = 24 cm, h_{Trapez} = 12 cm, $h_{Körper}$ = 70 cm.

$V = \frac{32 + 24}{2} \cdot 12 \cdot 70 = 23520\ cm^3$

$d = \sqrt{12^2 + 4^2} = 12,65\ cm$

$O = \frac{32 + 24}{2} \cdot 12 \cdot 2 + (2 \cdot 12,65 + 32 + 24) \cdot 70$

$O = 6363\ cm^2$

Stationenlernen Mathematik / 9. Schuljahr – Bestell-Nr. 11 839

Station

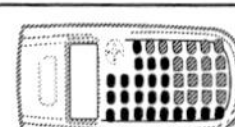

Sachaufgaben: Gerade Prismen (4)

Berechnet die fehlenden Angaben des Zylinders. Rundet die Ergebnisse auf zwei Nachkommastellen.

	r	h	M	O	V
A	6,5 cm	16,00 cm	653,45 cm²	918,92 cm²	2123,72 cm³
B	0,90 m	3 m	16,96 m²	22,05 m²	7,63 cm³
C	2,40 dm	6,5 dm	98,02 dm²	134,21 dm²	117,62 dm³
D	12,20 cm	18,00 cm	1379,79 cm²	2314,98 cm²	8416,70 cm³
E	36 cm	12,00 dm	271,43 dm²	352,86 dm²	488,58 dm³
F	1,2 m	4,5 m	33,93 m²	42,98 m²	20,36 m³

Stationenlernen Mathematik / 9. Schuljahr – Bestell-Nr. 11 839

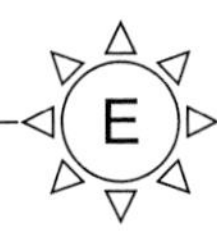

Station

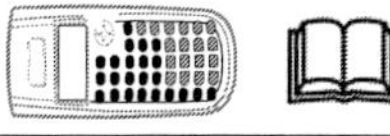

Sachaufgaben: Gerade Prismen (5)

Ein kreisrunder Brunnen von 2 m Durchmesser und 12 m Tiefe soll ausgeschachtet und ausgemauert werden.
Wie viele Fuhren zu je 1,5 m^3 sind zum Fortschaffen der Erde erforderlich, wenn 2 m^3 anstehende Erde ausgeworfen einen Raum von 2,5 m^3 einnehmen?
Wie viel m^3 Steine sind für die Mauer erforderlich, wenn sie 40 cm dick werden soll?

Stationenlernen Mathematik / 9. Schuljahr – Bestell-Nr. 11 839

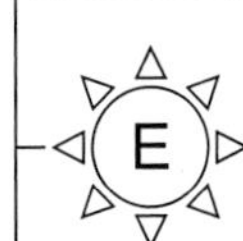

Station

Sachaufgaben: Gerade Prismen (6)

Im Motor bezeichnet man den zylindrischen Raum, der sich zwischen der höchsten und niedrigsten Kolbenstellung befindet, als Hubraum.
s ist die Abkürzung für Hub, die Länge des Weges, die der Kolben vom oberen bis zum unteren Punkt zurücklegt.
Ein »Bastler« schleift die sechs Zylinderbohrungen seines Wagens von 79 mm auf 80,5 mm Durchmesser aus. Der Hub von 100 mm bleibt unverändert.
Um wie viel cm^3 hat sich der Hubraum erhöht?

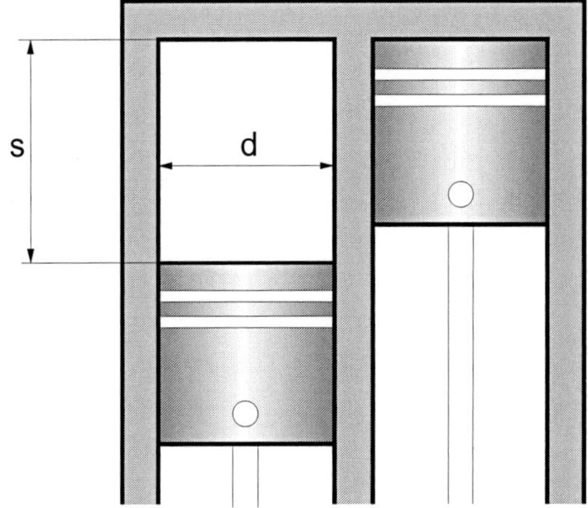

Station

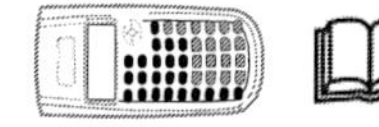

Sachaufgaben: Gerade Prismen (5)

Ein kreisrunder Brunnen von 2 m Durchmesser und 12 m Tiefe soll ausgeschachtet und ausgemauert werden.
Wie viele Fuhren zu je 1,5 m³ sind zum Fortschaffen der Erde erforderlich, wenn 2 m³ anstehende Erde ausgeworfen einen Raum von 2,5 m³ einnehmen?
Wie viel m³ Steine sind für die Mauer erforderlich, wenn sie 40 cm dick werden soll?

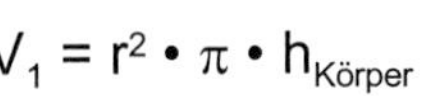

$V_1 = r^2 \cdot \pi \cdot h_{Körper}$

$V_1 = 1^2 \cdot \pi \cdot 12$

$V_1 = 37{,}7\ (\text{m}^3)_{\text{ausgeworfene Erde}}$

$V_2 = 37{,}7 \cdot 1{,}25 = 47{,}125\ (\text{m}^3)_{\text{eingenommener Raum}}$

$47{,}125 : 1{,}5 = 31{,}4$

Es sind 32 Fuhren zum Fortschaffen der Erde erforderlich.

$V_{Mauer} = (1^2 - 0{,}6^2) \cdot \pi \cdot 12$

$V_{Mauer} = 24{,}1$

Zum Bau der Mauer benötigt man 24,1 m³ Steine.

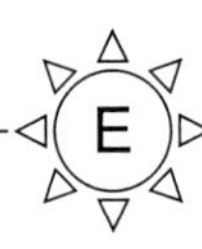

Station

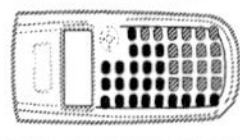

Sachaufgaben: Gerade Prismen (6)

Im Motor bezeichnet man den zylindrischen Raum, der sich zwischen der höchsten und niedrigsten Kolbenstellung befindet, als Hubraum.
s ist die Abkürzung für Hub, die Länge des Weges, die der Kolben vom oberen bis zum unteren Punkt zurücklegt.
Ein »Bastler« schleift die sechs Zylinderbohrungen seines Wagens von 79 mm auf 80,5 mm Durchmesser aus. Der Hub von 100 mm bleibt unverändert.
Um wie viel cm³ hat sich der Hubraum erhöht?

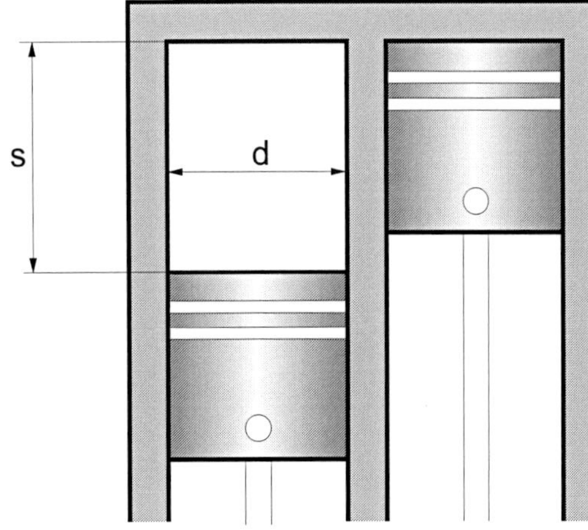

Berechnung $\text{Hubraum}_{\text{alt}}$

$V_{alt} = r_1^2 \cdot \pi \cdot h_{Körper}$

$V_{alt} = 39{,}5^2 \cdot \pi \cdot 100$

$V_{alt} \approx 490167\ (\text{mm}^3)$

Berechnung $\text{Hubraum}_{\text{neu}}$

$V_{neu} = r_2^2 \cdot \pi \cdot h_{Körper}$

$V_{neu} = 40{,}25^2 \cdot \pi \cdot 100$

$V_{neu} \approx 508958\ (\text{mm}^3)$

$V_{Differenz} = V_2 - V_1$

$V_{Differenz} = 18791\ (\text{mm}^3)$

$V_{Differenz} = 18{,}8\ (\text{cm}^3)$

Bei sechs Zylindern erhöht sich der Hubraum um 112,8 cm³.

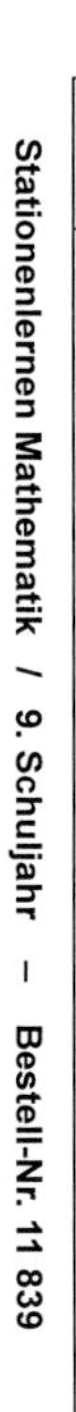

Station E

Richtig oder falsch? (1)

Entscheide, ob die Aussagen richtig oder falsch sind. Die Kennbuchstaben der richtigen Antworten ergeben ein Wort.

A Der Umfang eines Quadrates mit gleichem Flächeninhalt beträgt 25 m. 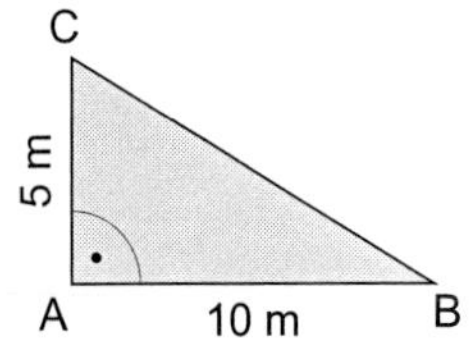
C, 5 m, A, 10 m, B
(R) richtig (F) falsch

B Der Flächeninhalt beträgt 9,42 dm² (π = 3,14). 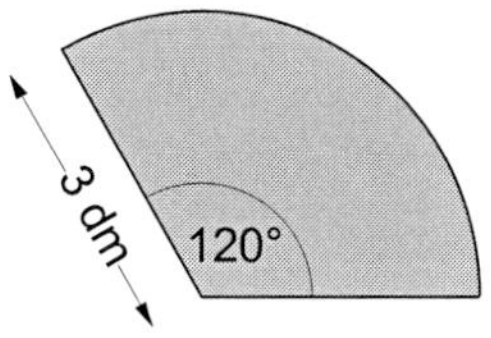
3 dm, 120°
(A) richtig (E) falsch

C Die Bogenlänge b beträgt 2 • π cm.
b, 60°, 6 cm 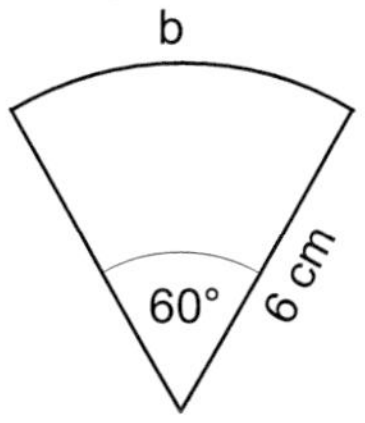
(H) richtig (V) falsch

D Die Höhe h_c beträgt 4 cm. 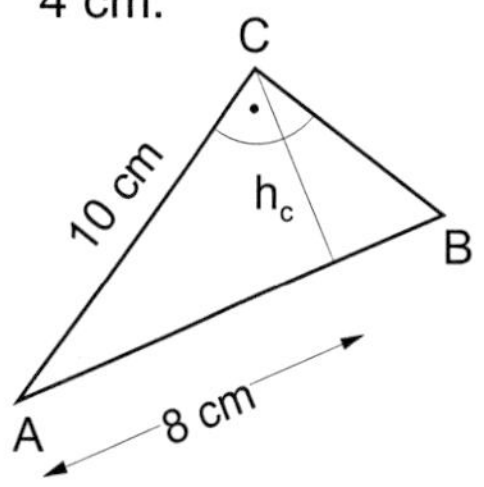
C, 10 cm, h_c, B, A, 8 cm
(I) richtig (R) falsch

E Die Oberfläche des Körpers beträgt 110 m². 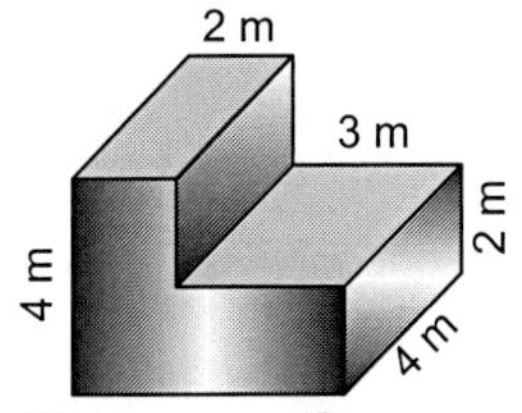
2 m, 3 m, 2 m, 4 m, 4 m
(S) richtig (Z) falsch

F Der Durchmesser des Kreises beträgt ungefähr 11,31 m.
8 m 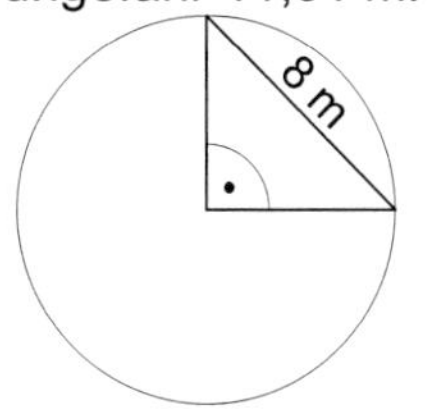
(E) richtig (I) falsch

G Die Kantenlänge a beträgt 8,73 cm.
h = 6,5 cm, h_s = 8 cm 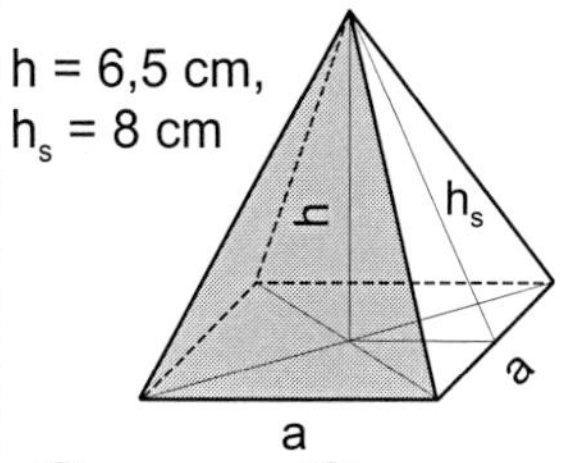
h, h_s, a, a
(O) richtig (U) falsch

H Die Höhe des Kegels beträgt ungefähr 5,20 cm. 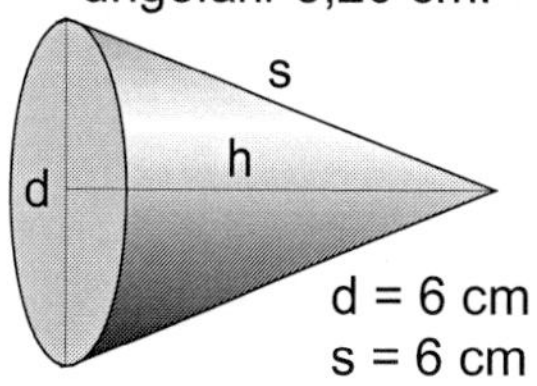
s, h, d
d = 6 cm
s = 6 cm
(G) richtig (N) falsch

Lösungswort:

A	B	C	D	E	F	G	H

Station E

Richtig oder falsch? (2)

Entscheide, ob die Aussagen richtig oder falsch sind. Die Kennbuchstaben der richtigen Antworten ergeben ein Wort.

A Das Volumen des Körpers beträgt 84 m³. 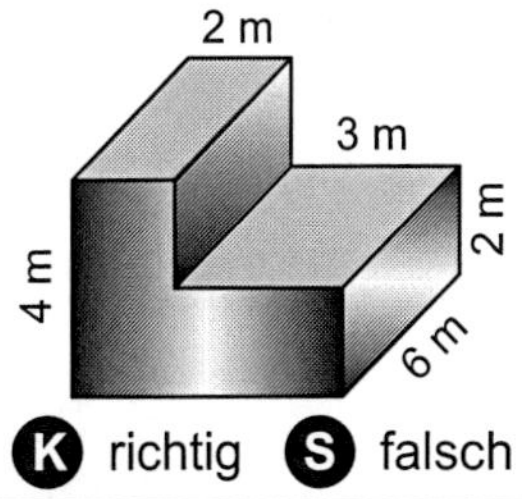
2 m, 3 m, 2 m, 4 m, 6 m
(K) richtig (S) falsch

B Die Diagonale ist ungefähr 1,41 dm lang. 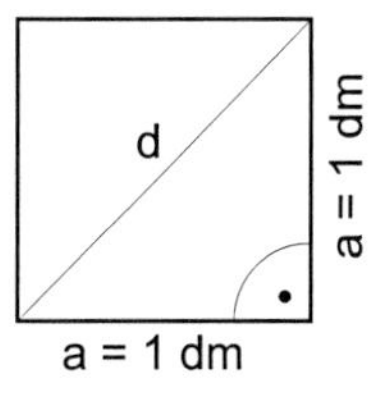
d, a = 1 dm, a = 1 dm
(U) richtig (I) falsch

C Der Radius des Kreises beträgt ungefähr 6,56 m. 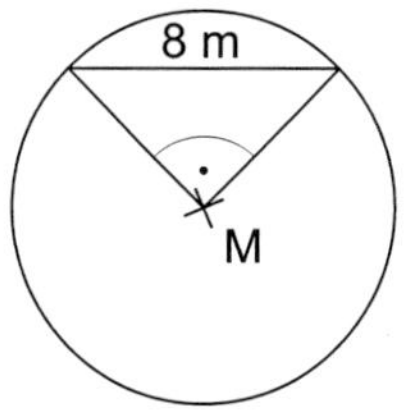
8 m, M
(N) richtig (F) falsch

D x ist 48 cm lang. 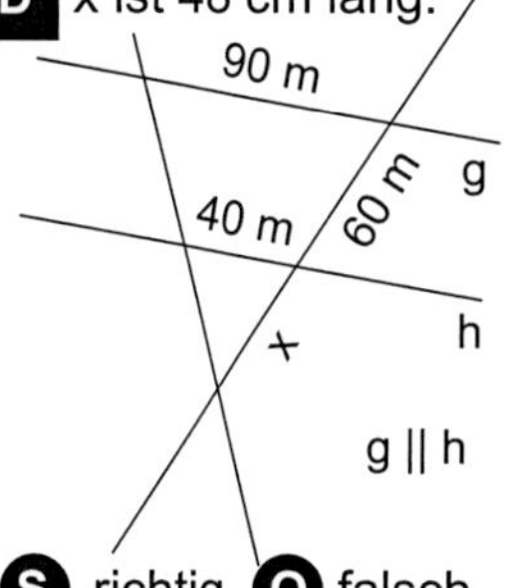
90 m, 40 m, 60 m, g, x, h
g || h
(S) richtig (O) falsch

E Die Höhe h_s beträgt 9 cm. 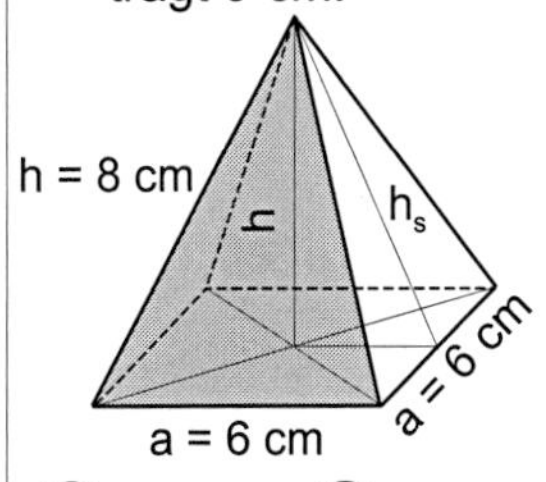
h = 8 cm, h, h_s, a = 6 cm, a = 6 cm
(L) richtig (T) falsch

F Der Winkel δ beträgt 71°. 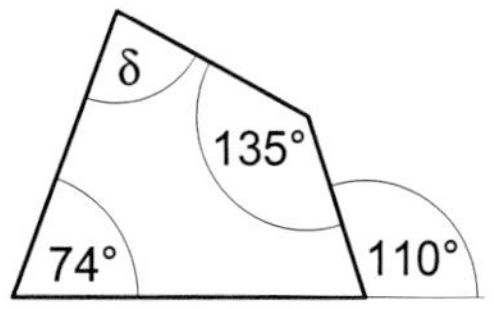
δ, 135°, 74°, 110°
(O) richtig (E) falsch

G Die Mantelfläche beträgt 171 cm². 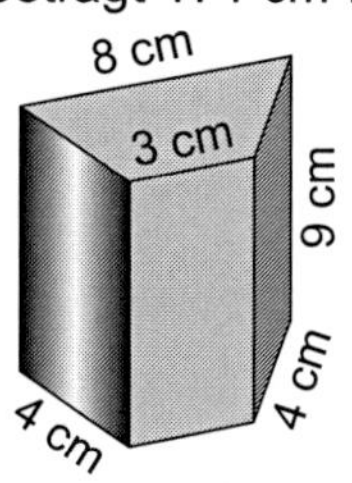
8 cm, 3 cm, 9 cm, 4 cm, 4 cm
(I) richtig (G) falsch

H Die Länge von a beträgt 360 m.
600 m, a, 500 m, 800 m 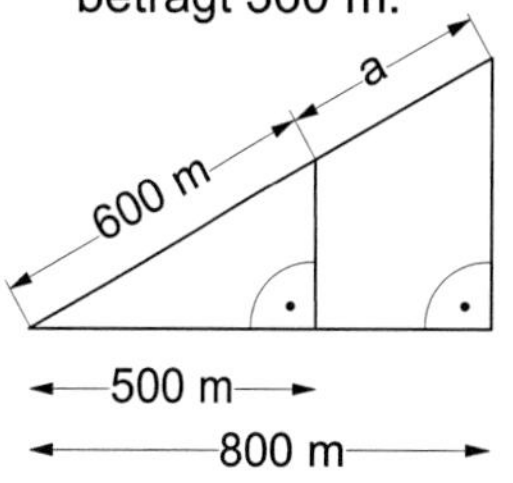
(N) richtig (E) falsch

Lösungswort:

A	B	C	D	E	F	G	H

Station E

Richtig oder falsch? (1)

Entscheide, ob die Aussagen richtig oder falsch sind. Die Kennbuchstaben der richtigen Antworten ergeben ein Wort.

A Der Umfang eines Quadrates mit gleichem Flächeninhalt beträgt 25 m.

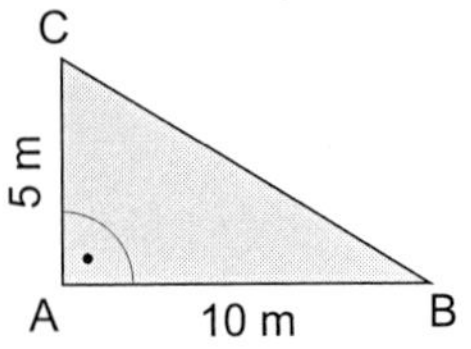

F falsch

B Der Flächeninhalt beträgt 9,42 dm² (π = 3,14).

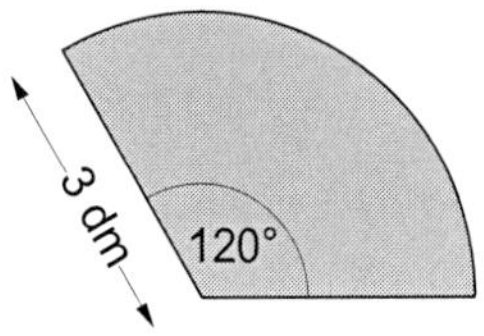

A richtig

C Die Bogenlänge b beträgt $2 \cdot \pi$ cm.

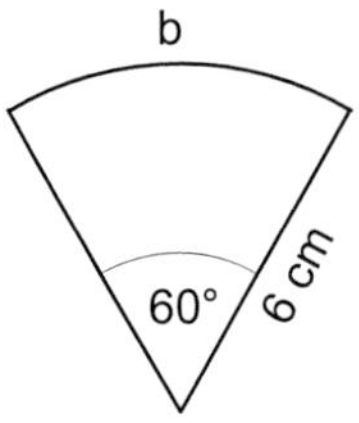

H richtig

D Die Höhe h_c beträgt 4 cm.

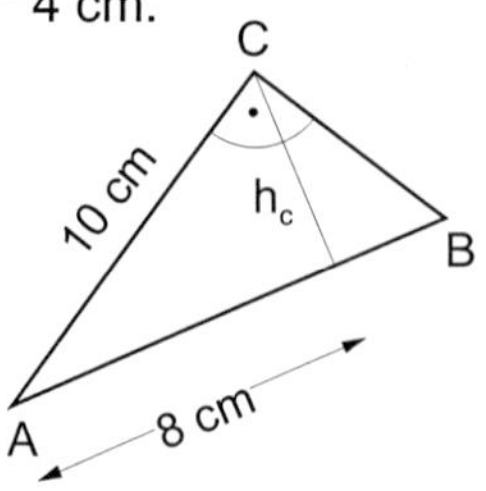

R falsch

E Die Oberfläche des Körpers beträgt 110 m².

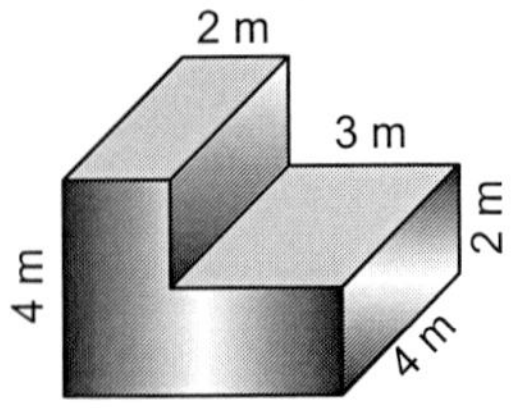

Z falsch

F Der Durchmesser des Kreises beträgt ungefähr 11,31 m.

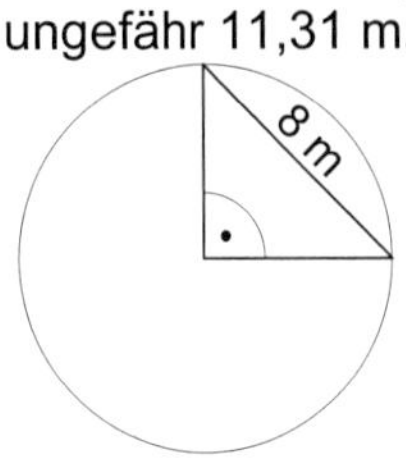

E richtig

G Die Kantenlänge a beträgt 8,73 cm.

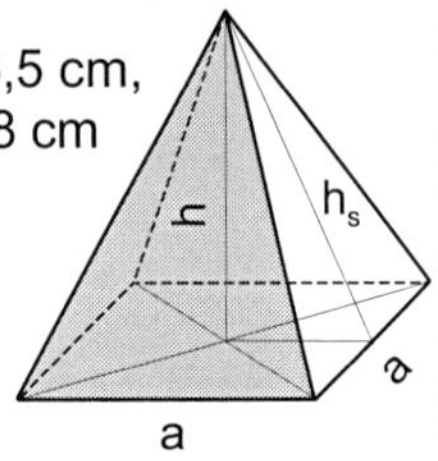

U falsch

H Die Höhe des Kegels beträgt ungefähr 5,20 cm.

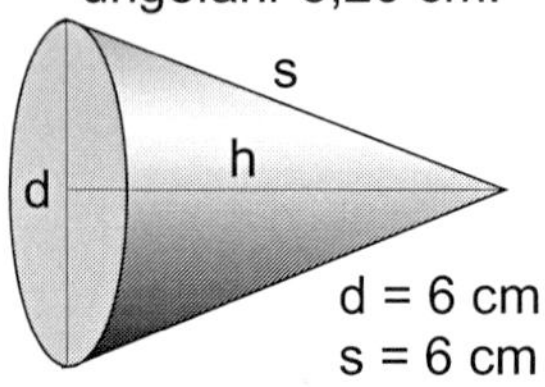

G richtig

Lösungswort:

A	F
B	A
C	H
D	R
E	Z
F	E
G	U
H	G

Station E

Richtig oder falsch? (2)

Entscheide, ob die Aussagen richtig oder falsch sind. Die Kennbuchstaben der richtigen Antworten ergeben ein Wort.

A Das Volumen des Körpers beträgt 84 m³.

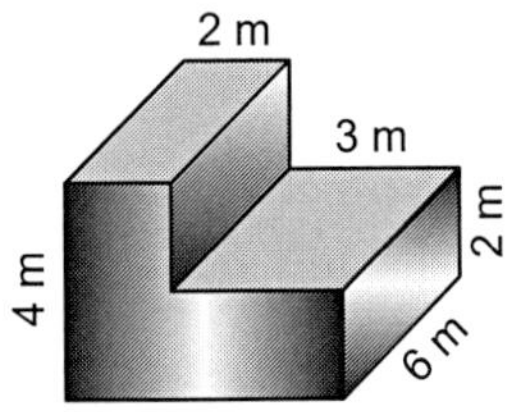

K richtig

B Die Diagonale ist ungefähr 1,41 dm lang.

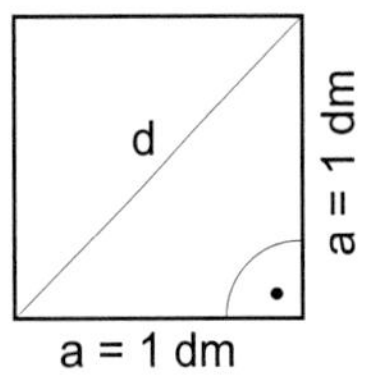

U richtig

C Der Radius des Kreises beträgt ungefähr 6,56 m.

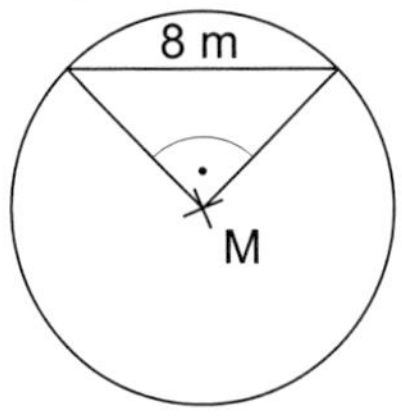

F falsch

D x ist 48 cm lang.

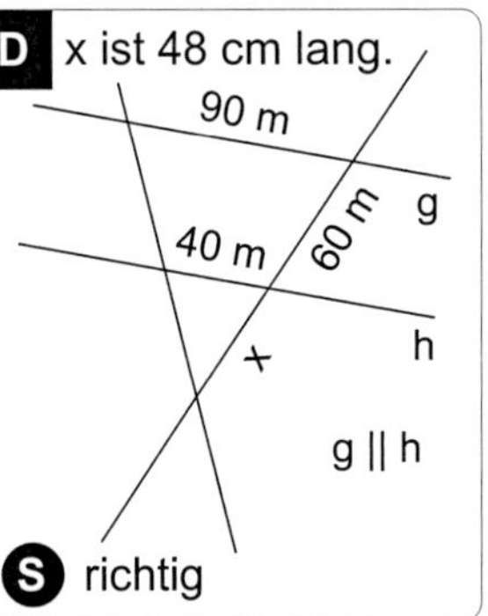

S richtig

E Die Höhe h_s beträgt 9 cm.

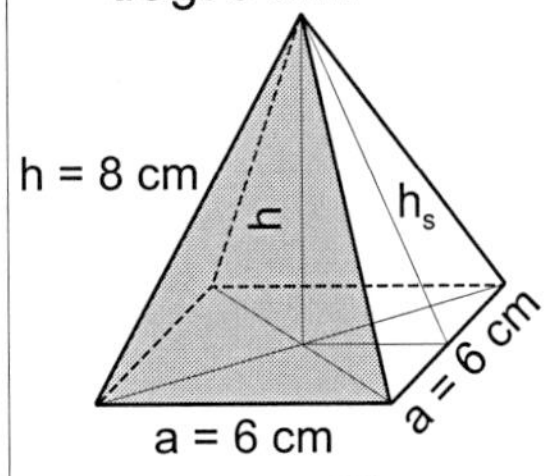

T falsch

F Der Winkel δ beträgt 71°.

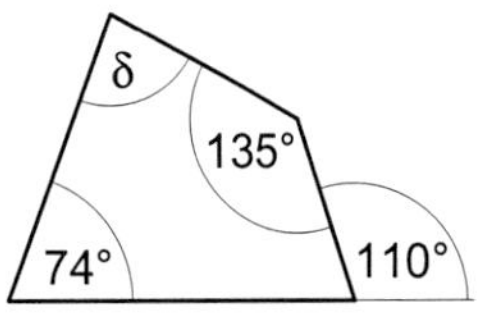

E falsch

G Die Mantelfläche beträgt 171 cm².

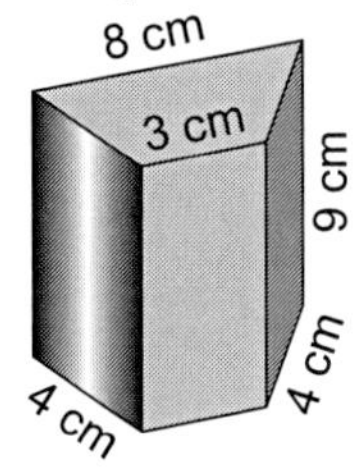

I richtig

H Die Länge von a beträgt 360 m.

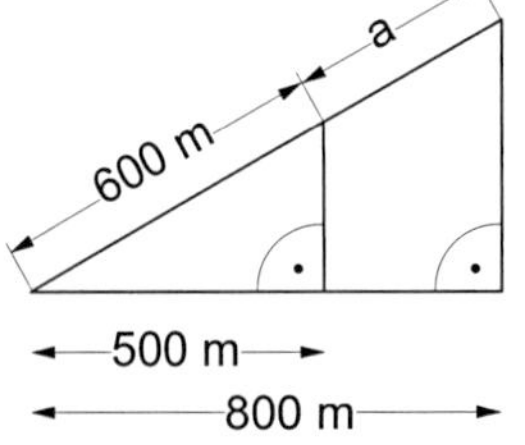

N richtig

Lösungswort:

A	K
B	U
C	F
D	S
E	T
F	E
G	I
H	N

TIPP-KARTE
Wertetabelle und Graph

Lineare Funktionen mit Funktionsgleichungen wie $y = mx + b$ kannst du zeichnerisch darstellen, indem du zunächst eine **Wertetabelle** erstellst, wo du dir x-Werte vorgibst und die y-Werte rechnerisch ermittelst. Anschließend überträgst du die so berechneten Punkte in ein **Koordinatensystem** und verbindest sie zu einer Geraden.

$y = -x + 2$

Wertetabelle

x	y	
0	2	*P(0|2)*
2	0	*P(2|0)*
– 2	4	*P(– 2|4)*
3	– 1	*P(3|– 1)*
– 1	3	*P(– 1|3)*

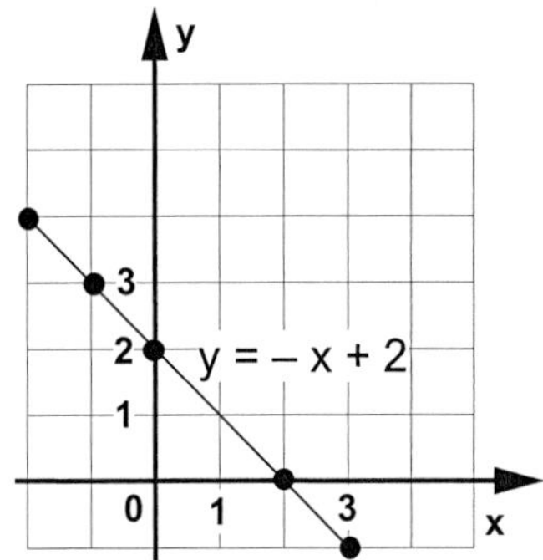

TIPP-KARTE
Erstellung von Graphen mithilfe von Steigungsdreiecken

Eine Funktion mit der Funktionsgleichung $y = mx + b$ lässt sich mithilfe eines **Steigungsdreiecks** zeichnen. Da der **y-Achsenabschnitt** bei b liegt, wird dieser Punkt eingezeichnet. Von diesem Punkt aus zeichnet man einige Steigungsdreiecke mit jeweils der Steigung m ein.

BEISPIEL:

$y = \frac{2}{3}x + 2$

Zeichne dann die Gerade entsprechend ein.

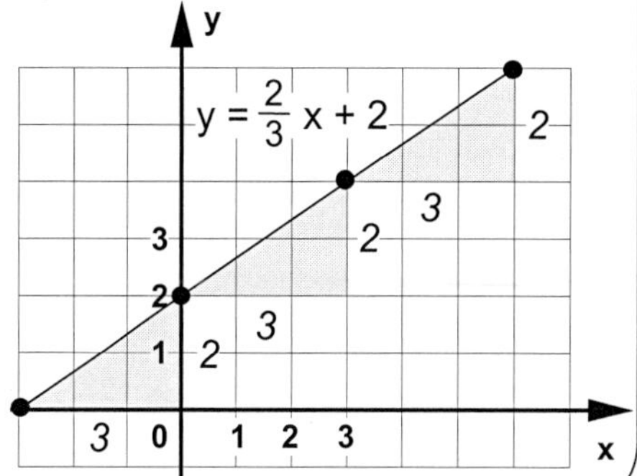

TIPP-KARTE
Die Zwei-Punkte-Form

Mit zwei Punkten $P_1(x_1|y_1)$, $P_2(x_2|y_2)$ des Graphen einer Funktion lässt sich die Funktionsgleichung berechnen.

Berechnung der Steigung: $m = \frac{y_2 - y_1}{x_2 - x_1}$

Berechnung des y-Achsenabschnitts: Wegen $y_1 = mx_1 + b$ kannst du b mit $b = y_1 - mx_1$ berechnen.

BEISPIEL:

$P_1(-8|2)$, $P_2(-5|-2)$ (mit x_1, y_1, x_2, y_2 über den Koordinaten)

$m = \frac{-2-2}{-5-(-8)}$ $\quad m = \frac{-4}{3}$ $\quad m = -1\frac{1}{3}$

$b = 2 - (-1\frac{1}{3}) \cdot (-8)$

$b = -8\frac{2}{3}$

$y = -1\frac{1}{3}x - 8\frac{2}{3}$

TIPP-KARTE
Berechnung von Schnittpunkten der Geraden mit der x- bzw. y-Achse

Der Graph einer Funktion mit der Funktionsvorschrift $y = mx + b$ hat den **y-Achsenabschnitt** b.

Die Stelle x, an der der Graph einer Funktion die x-Achse schneidet, heißt **Nullstelle** der Funktion. Wie berechnet man eine solche Nullstelle?

BEISPIEL: $y = -3x + 6$

Die y-Achse wird im Punkt P(0|6) geschnitten.

Berechnung der Nullstelle:

$0 = -3x + 6$

$3x = 6$

$x = 2$ Nullstelle P(2|0)

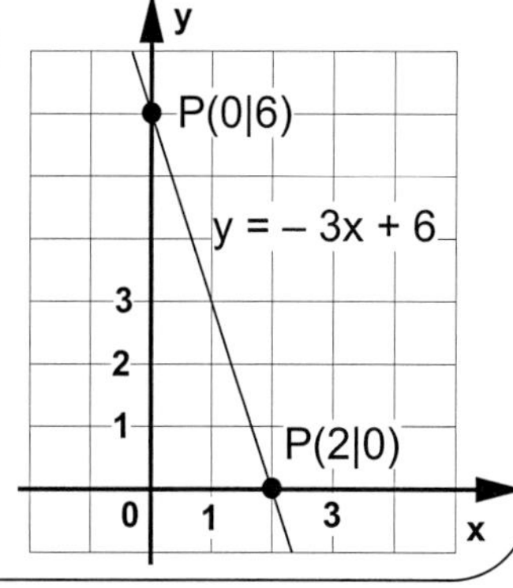

TIPP-KARTE
Lineare Gleichungssysteme

Zwei lineare Gleichungen bilden zusammen ein lineares Gleichungssystem. Lineare Gleichungssysteme löst du, indem du die beiden Funktionen in ein Koordinatensystem zeichnest. Die Koordinaten des Schnittpunktes der beiden Geraden bilden die Lösung des Gleichungssystems.

BEISPIEL:

Das lineare Gleichungssystem

$y = 2x + 7$

$y = -x + 1$

hat die Lösung $x = -2$ und $y = 3$

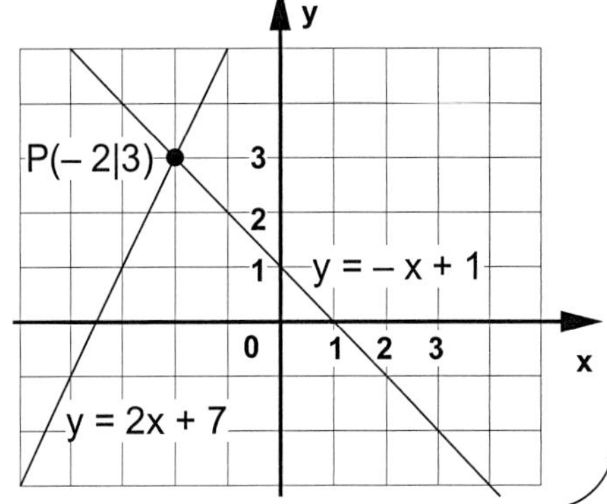

TIPP-KARTE
Die zentrische Streckung

Eine **zentrische Streckung** mit dem **Streckzentrum Z** und dem **Streckfaktor k** ist eine Abbildung, die jedem Punkt A ($\neq$ Z) einen Punkt A* zuordnet. Dieser Punkt liegt auf der Geraden $\overline{ZA}$ und es gilt: $\overline{ZA^*} = k \cdot \overline{ZA}$.

BEISPIEL:

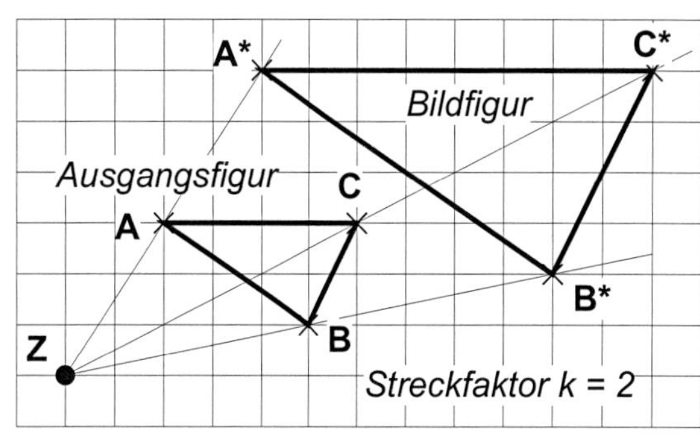

Die Ausgangsfigur wird im Maßstab 2 **:** 1 vergrößert.

KOHL VERLAG Lernen mit Erfolg
Stationenlernen Mathematik / 9. Schuljahr – Bestell-Nr. 11 839

TIPP-KARTE
Strahlensätze (1)

Werden zwei Strahlen mit gleichem Anfangspunkt S von Parallelen geschnitten, dann verhalten sich die Strecken auf dem einen Strahl wie die entsprechenden Strecken auf dem anderen Strahl.

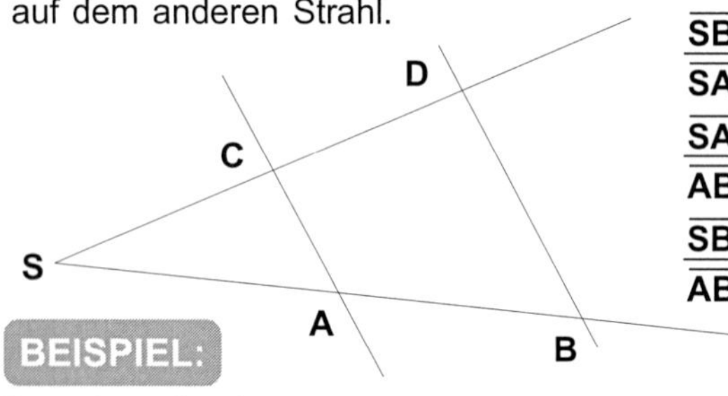

$$\frac{\overline{SB}}{\overline{SA}} = \frac{\overline{SD}}{\overline{SC}}$$

$$\frac{\overline{SA}}{\overline{AB}} = \frac{\overline{SC}}{\overline{CD}}$$

$$\frac{\overline{SB}}{\overline{AB}} = \frac{\overline{SD}}{\overline{CD}}$$

BEISPIEL:

Berechne die Länge von x.

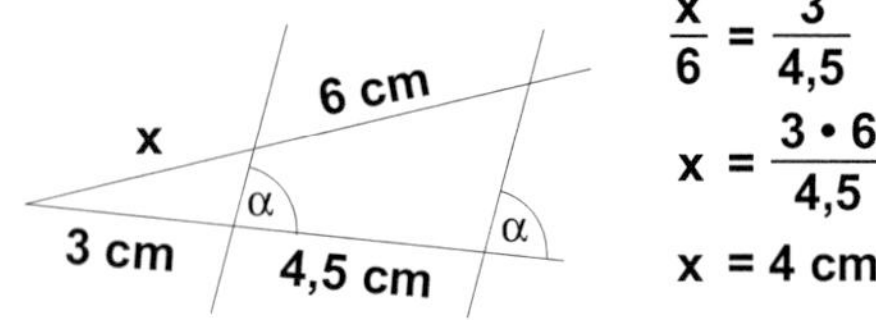

$$\frac{x}{6} = \frac{3}{4,5}$$

$$x = \frac{3 \cdot 6}{4,5}$$

$$x = 4 \text{ cm}$$

TIPP-KARTE
Strahlensätze (2)

Werden zwei Strahlen mit gleichem Anfanspunkt S von Parallelen geschnitten, dann verhalten sich die Strecken auf zwei Parallelen wie die zugehörigen von S gemessenen Strecken auf einem der Strahlen.

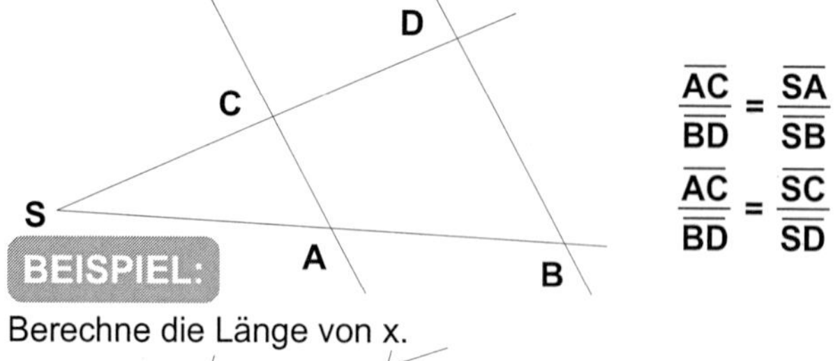

$$\frac{\overline{AC}}{\overline{BD}} = \frac{\overline{SA}}{\overline{SB}}$$

$$\frac{\overline{AC}}{\overline{BD}} = \frac{\overline{SC}}{\overline{SD}}$$

BEISPIEL:

Berechne die Länge von x.

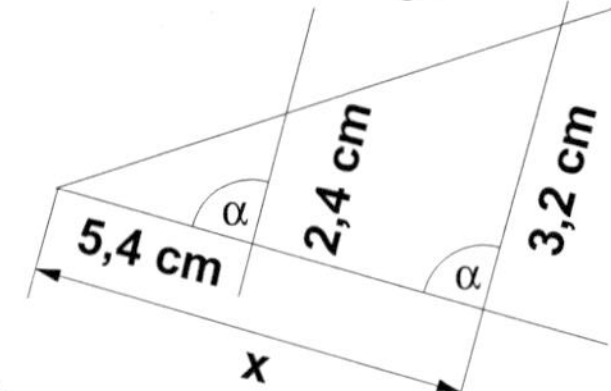

$$\frac{x}{5,4} = \frac{3,2}{2,4}$$

$$x = \frac{3,2 \cdot 5,4}{2,4}$$

$$x = 7,2 \text{ cm}$$

TIPP-KARTE
Der Satz des Pythagoras

In einem rechtwinkligen Dreieck ist die Summe der Flächeninhalte der beiden Kathetenquadrate flächengleich mit dem Quadrat über der Hypotenuse.

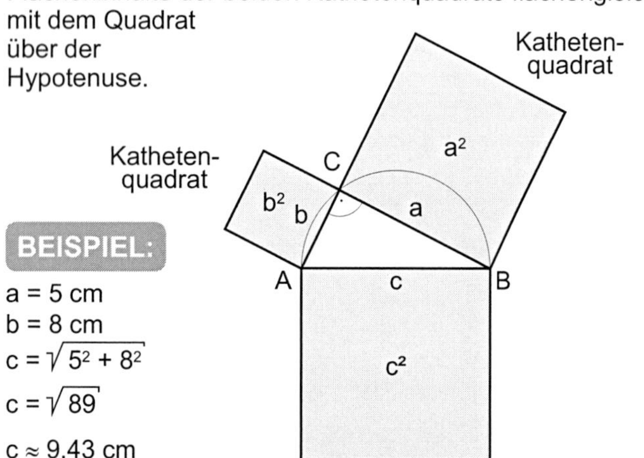

BEISPIEL:

$a = 5$ cm

$b = 8$ cm

$c = \sqrt{5^2 + 8^2}$

$c = \sqrt{89}$

$c \approx 9,43$ cm

Für das Dreieck ABC mit $\gamma = 90°$ gilt also: $\mathbf{a^2 + b^2 = c^2}$

TIPP-KARTE
Umfang und Flächeninhalt Kreis

Mittelpunkt M
Durchmesser d
Radius r

$d = 2 \cdot r$

$u = 2 \cdot \pi \cdot r$

$u = \pi \cdot d$

$A = \pi \cdot r^2$

$A = \frac{\pi \cdot d^2}{4}$

BEISPIEL:

$r = 6$ cm

$u = 2 \cdot \pi \cdot 6$ $\quad A = \pi \cdot 6^2$

$u \approx 37,7$ cm $\quad A \approx 113,1 \text{ cm}^2$

TIPP-KARTE
Umfang und Flächeninhalt Kreisausschnitt

Mittelpunkt M
Kreisbogen b
Radius r
Mittelpunktswinkel α

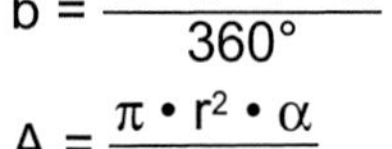

$b = \frac{2 \cdot \pi \cdot r \cdot \alpha}{360°}$

$A = \frac{\pi \cdot r^2 \cdot \alpha}{360°}$

$A = \frac{b \cdot r}{2}$

BEISPIEL:

$r = 4$ cm, $\alpha = 75°$

$A = \frac{\pi \cdot 4^2 \cdot 75°}{360°}$ $\quad b = \frac{2 \cdot \pi \cdot 4 \cdot 75°}{360°}$

$A \approx 10,5 \text{ cm}^2$ $\quad b \approx 5,2$ cm

TIPP-KARTE
Volumen und Oberfläche Zylinder

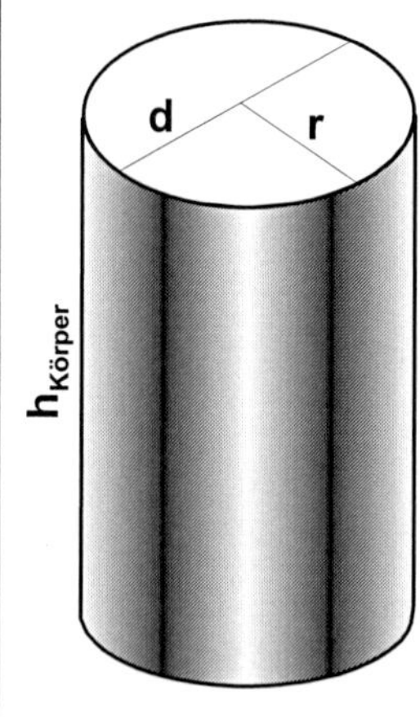

$$\mathbf{V = \pi \cdot r^2 \cdot h_{Körper}}$$

$$\mathbf{M = 2 \cdot \pi \cdot r \cdot h_{Körper}}$$

$$\mathbf{O = 2 \cdot \pi \cdot r \cdot (r + h_{Körper})}$$

BEISPIEL:

$r = 12$ cm, $h_{Körper} = 40$ cm

$V \approx 18095,6 \text{ cm}^3$

$M \approx 3015,9 \text{ cm}^2$

$O \approx 3920,7 \text{ cm}^2$